机械制造自动化及先进制造技术研究

黄力刚 著

中国原子能出版社

图书在版编目 (CIP) 数据

机械制造自动化及先进制造技术研究 / 黄力刚著 .
-- 北京 : 中国原子能出版社 , 2021.8
ISBN 978-7-5221-1538-2

Ⅰ . ①机… Ⅱ . ①黄… Ⅲ . ①机械制造–自动化技术
–研究②机械制造工艺–研究 Ⅳ . ① TH16

中国版本图书馆 CIP 数据核字（2021）第 176919 号

内容简介

制造自动化技术的发展体现国家的科技水平。实现机械制造自动化能够显著提升经济效果。本书围绕机械制造的全过程，先系统地介绍了机械制造自动化的基本原理、技术、方法和实际应用，并对先进制造技术进行了详细地论述。本书内容丰富并与时俱进，在传承历史发展所积累的知识和经验的基础上，填补和更新了近年相关技术的发展，不失先进性和新颖性；同时图文并茂，配合实用装置的原理示意图和实际结构图以及部分实例，注重实用性，是一本值得学习研究的著作。

机械制造自动化及先进制造技术研究

出版发行　中国原子能出版社（北京市海淀区阜成路 43 号 100048）
责任编辑　张　琳
责任校对　冯莲凤
印　　刷　三河市德贤弘印务有限公司
经　　销　全国新华书店
开　　本　710 mm × 1000 mm　1/16
印　　张　12.625
字　　数　212 千字
版　　次　2022 年 3 月第 1 版　2022 年 3 月第 1 次印刷
书　　号　ISBN 978-7-5221-1538-2　　定　　价　98.00 元

网　　址：http://www.aep.com.cn　　E-mail:atomep123@126.com
发行电话：010-68452845

前言

随着科学技术的不断进步,机械制造技术的水平在不断提高,特别是我国加入 WTO 以后,国内机械加工行业和电子技术行业得到快速发展。国内机电技术的革新和产业结构的调整成为一种发展趋势。机械制造业的先进与否标志着一个国家的经济发展水平。在众多国家尤其是发达国家,机械制造业在国民经济中占有十分重要的地位。近年来,机械制造技术发展迅速,尤其计算机技术和信息技术引入制造领域所带来的巨大影响,使制造自动化的概念和自动化技术延伸的深度与广度都大有变化,企业的生产经营方式发生了重大变革。

随着科技日益进步和社会信息化不断发展,全球性的竞争和世界经济的发展趋势使得机械制造产品的生产、销售、成本、服务面临着更多外部环境因素的影响,传统的制造技术、工艺、方法和材料已经不能适应当今社会的发展需要。而采用自动化技术,不仅可以大大降低劳动强度,而且还可以提高产品质量,改善制造系统适应市场变化的能力,从而提高企业的市场竞争能力。作为制造业自动化主要组成部分的机械制造自动化是企业实现自动化生产、参与市场竞争的基础。

当前,在经济全球化的进程中,制造技术不断汲取计算机、信息、自动化、材料、生物及现代管理技术的研究与应用成果并与之融合,使传统意义上的制造技术有了质的飞跃,形成了先进制造技术的新体系,有利于从总体上提升制造企业对动态和不可预测市场环境的适应能力和竞争能力,实现优质高效、低耗、敏捷和绿色制造。因此,我国制造业要想在激烈的国际市场竞争中求得生存和发展,必须掌握和科学运用最先进的制造技术,这就要求培养一大批满足制造业发展需要、掌握先进制造技术、具有科学思维和创新意识以及工程实践能力的高素质专业人才。

为了适应 21 世纪现代工业企业对高级工程技术人才培养的要求,使读者系统掌握有关机械制造自动化方面的基本原理,了解机械制造中各主要单元和系统的自动化方法以及各种自动化装置的工作原理和特点,并提高其应用管理能力,作者对机械制造自动化及先进制造技术进行了一系列的研究、探索和实践,积累了一些经验和成果,因此写作了这本书。

作者根据自己多年的教学实践体会和当前机械制造业的状态,参考许多相关著作,认真地组织本书的内容和编排结构,力图体现内容丰富并与时俱进、理论联系实际、层次条理清晰的特点。全书共计6章,主要内容包括绪论、自动化控制方法与技术、机械制造自动化技术、先进制造工艺技术、先进制造生产模式、先进机器人技术等。本书可作为从事机械制造自动化工作的科技人员的参考书。

在本书的写作过程中,参考了许多相关著作和学术期刊论文,由于篇幅有限,恕不一一列出,在此对这些文献的作者表示诚挚的感谢。由于笔者水平所限,书中不免存在错误和不足,恳请读者批评指正。

作　者

2021年4月

目　录

第1章 绪 论

在人类历史进步的长河中,制造是人类所有经济活动的基石,更是人类历史发展和文明进步的动力。在人类近代发展史中,制造的作用显得更为重要。制造业是一个国家经济发展的支柱,制造技术则是制造业赖以发展的技术支撑。先进制造技术(Advanced Manufacturing Technoloty)概念虽然是20世纪80年代末期才提出的,但却对制造技术发展的新阶段做了一个形象的描述,它有利于制造技术的进一步发展。

1.1 机械制造自动化的分类与途径

1.1.1 机械制造自动化的分类

机械制造系统涉及的行业和领域非常广,不管从哪个出发点来分都是十分困难的,是按自动化应用范围分,还是按行业或领域分,或者是按规模的大小和复杂程度分都可以罗列很多,但是这种统计分类似乎没什么意义。而如果按其产品生产类型的适应性特征来分,可以分为刚性自动化系统和柔性自动化系统[①]。

(1)刚性自动化系统。

刚性自动化系统是指系统的组织形式和组成是固定不变的,所完成的任务也是不可调整的。如大量大批生产中的自动线。

(2)柔性自动化系统。

柔性自动化系统是指系统的组织形式和组成对所执行的任务具有适应性。其适应性表现为所执行的任务不是单一的固定不变的,而是在

① 卢泽生.制造系统自动化技术[M].哈尔滨:哈尔滨工业大学出版社,2010.

一定的范围内可以调整的,可以变化的。如机械制造中的柔性制造系统。

1.1.2 机械制造自动化的途径

产品对象(包括产品的结构、材质、重量、性能、质量等)决定着自动装置和自动化方案的内容;生产纲领的大小影响着自动化方案的完善程度、性能和效果;产品零件决定着自动化的复杂程度;设备投资和人员构成决定着自动化的水平。因此,要根据不同情况,采用不同的加工方法。

1.1.2.1 单件、小批量生产机械化及自动化的途径

采用简易自动化使局部工步、工序自动化,是实现单件小批量生产的自动化的有效途径。

具体方法如下。

(1)采用机械化、自动化装置,来实现零件的装卸、定位、夹紧机械化和自动化。

(2)实现工作地点的小型机械化和自动化,如采用自动滚道、运输机械、电动及气动工具等装置来减少辅助时间,同时也可降低劳动强度。

(3)改装或设计通用的自动机床,实现操作自动化,来完成零件加工的个别单元的动作或整个加工循环的自动化,以便提高劳动生产率和改善劳动条件。

1.1.2.2 中等批量生产的自动化途径

成批和中等批量生产的批量虽比较大,但产品品种并不单一。随着社会上对品种更新的需求,要求成批和中等批量生产的自动化系统仍应具备一定的可变性,以适应产品和工艺的变换。从各国发展情况看,有以下趋势。

(1)建立可变自动化生产线,在成组技术基础上实现“成批流水作业生产”。

(2)采用具有一定通用性的标准化的数控设备。对于单个的加工工序,力求设计时采用机床及刀具能迅速重调整的数控机床及加工中心。

(3)设计制造各种可以组合的模块化典型部件,采用可调的组合机

床及可调的环形自动线。

1.1.2.3 大批量生产的自动化途径

目前,实现大批量生产的自动化已经比较成熟,主要有以下几种途径。

(1)广泛地建立适于大批量生产的自动线。如国内外的自动化生产线。

(2)建立自动化工厂或自动化车间。大批量生产的产品品种单一、结构稳定、产量很大,具有连续流水作业和综合机械化的良好条件①。

(3)建立"可变的短自动线"及"复合加工"单元。采用可调的短自动线,有利于解决大批量生产的自动化生产线应具有一定的可变性的问题。

(4)改装和更新现有老式设备,提高它们的自动化程度。把大批量生产中现有的老式设备改装或更新成专用的高效自动机,最低限度也应该是半自动机床。

1.2 机械制造自动化技术所涉及的领域及发展趋势

机械制造系统自动化是人类在长期的生产活动中不断追求的主要目标之一。自动化的概念是美国人 D.S.Harder 于 1936 年提出的,他在通用汽车公司工作时,认为在一个生产过程中,机器之间被加工零件的转移不用人搬运就是自动化。这实质上是早期制造自动化的概念。但自动化的本质就是人造系统的活动,人不直接参与(包括体力和脑力的参与)。

1.2.1 机械制造系统自动化技术所涉及的领域及发展的影响因素

1.2.1.1 自动化技术所涉及的技术领域

机械制造系统自动化技术具有技术发展速度快、创新性和更新性

① 雷子山,曹伟,刘晓超．机械制造与自动化应用研究[M].北京:九州出版社,2018.

强、技术密集和综合性强等特点。它所涉及的主要技术门类如图 1-1 所示。

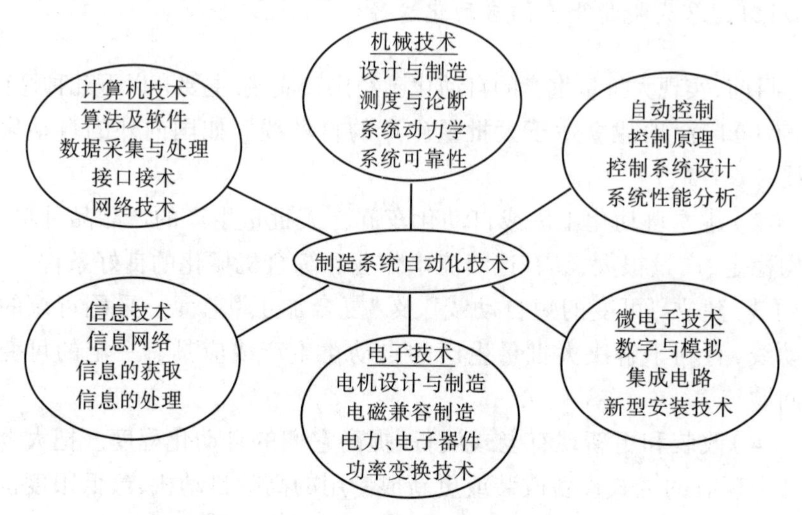

图 1-1　制造系统自动化技术所涉及的相关技术

1.2.1.2 自动化技术发展的影响因素

自动化发展的程度或者说水平的高低、速度的快慢、覆盖面的大小主要取决于以下几个因素。

(1)客观的需求是自动化发展的前提。

机械工业肩负着为国民经济及国防各部门提供技术装备的重要任务,要不断地提供品种新、数量多、质量好、价格低的产品以满足其需求。

目前,随着世界社会竞争(经济竞争、技术竞争、军事竞争等)的加剧、产品更新换代的加快,想要以最快的速度、最好的质量、最低的成本、最佳的服务满足市场的需求,这就需要将过去劳动密集型生产变为技术密集型和信息知识密集型生产①。而其中最好的途径就是采用自动化技术。而且大批大量为主导的生产形式也越来越向单件小批为主导的生产形式转变,所以出现了数控加工、柔性自动化、计算机集成制造等。

(2)基础理论研究是自动化发展的基础。

自动化发展水平与基础理论研究密不可分,一种理论或概念的出现

① 卢泽生．制造系统自动化技术[M].哈尔滨:哈尔滨工业大学出版社,2010.

必然会推动和指导某些技术的发展,并为自动化技术的发展奠定基础。如前苏联于1946年提出成组生产工艺的思想和1957年С.П.米特洛凡诺夫(С.П.МИТРОФАНОВ)提出成组技术的概念为实现单件小批生产的自动化制造系统的发展奠定了基础;20世纪50年代,数控技术的出现是自动化制造技术发展的里程碑,是小批量自动化生产的技术保证;1953年,美国麻省理工学院成功研制的数控加工自动编程语言,为数控加工技术发展与应用奠定了基础;1959年在美国出现的第一台机器人,对自动化制造技术的发展也具有重要意义;由于自适应控制理论的发展,美国于1960年成功研制了自适应控制机床;由于计算机技术的出现,1965年出现了计算机数控机床(CNC)的概念,美国人约瑟夫·哈林顿于1974年提出计算机集成制造系统(QMS)的概念。这是一个更为广义的自动化制造系统。

近几年提出的并行工程、敏捷制造、虚拟制造等新思想和新概念都将促进自动化制造技术的进一步发展。

(3)科学技术的发展是自动化发展的保证。

自动化技术涉及多门学科和技术,并依赖于其他技术的发展,而自动化的发展又将促进和带动其他技术的发展,如控制技术、计算机技术、测试技术、制造技术、材料技术和管理技术等。上面讲的一些新概念、新思想也包含很多新技术,如数控技术、计算机技术等都对自动化技术的发展起到了强有力的保证作用。

1.2.2 机械制造自动化的发展趋势

面对新的知识/产业经济环境、竞争激烈的市场和迅速发展的信息技术,制造业日益信息化,形成了决策、研究开发、设计、制造、营销、管理技术与计算机、网络通信技术相融合的信息化制造技术。制造技术信息化改变了传统制造业的生产模式,明显缩短了产品的生产周期,大大提高了生产效率,产品的种类也日益增多,产品成本结构发生了很大的改变[①]。因此,现代制造企业实现的产品上市快、质量好、成本低、服务好及环保(Time Quality Cost Service Environment, TQCSE)五大要素将成为其赢得市场竞争的关键。

---

① 周骥平,林岗.机械制造自动化技术[M].4版.北京:机械工业出版社,2019.

1.2.2.1 制造系统的信息化

机械制造过程可看成是一个信息产生、处理和加工的过程。制造系统中所形成的各种信息必须做到在正确的时间,以正确的方式,高效地传递给正确的对象。制造系统的信息化使得系统的运行效率大大提高,所以制造系统信息化已成为现代企业快速响应市场、提高经济效益的重要手段。

从制造系统功能的角度来分析,制造系统中的信息流动可分为两大主线:一条主线是产品信息的处理和加工;另一条主线是生产计划和管理信息的制订和调整。并且这两条主线之间存在着密切的信息交换。图 1–2 所示为制造系统的信息流动过程。

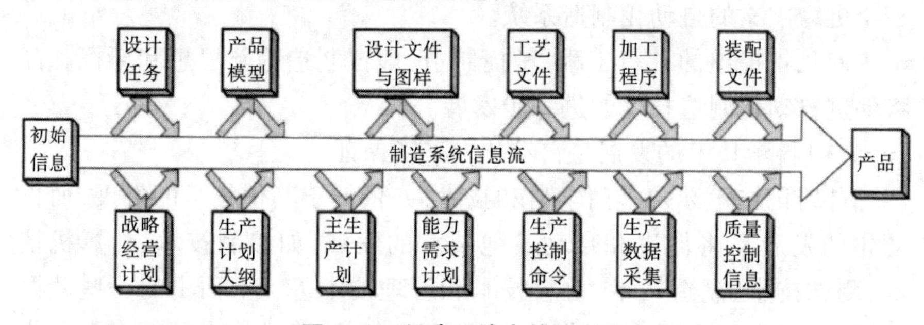

图 1–2 制造系统中的信息流

对于制造系统而言,合理地划分制造系统中的信息类别,是实现制造系统信息化的一个重要方面。如图 1–3 所示是制造系统信息的层次关系,每一类在战略层、战术层和执行层都有体现;第三个方向表示了制造信息从生成、完善到消亡的生命周期。

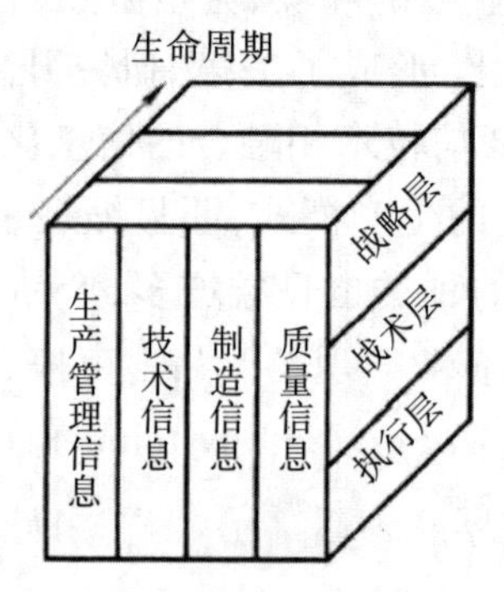

图 1–3 制造系统信息的层次关系

制造系统信息化的实现需要多种相关信息技术的支持，其主要技术包括：①支撑技术，包括计算机网络技术和数据库技术；②信息化设计技术，包括 CAD、CAE、CAPP、CAM、PDM 及其集成技术；③信息化管理技术，包括 ERP、SCM、CRM 技术等；④信息化制造技术，包括数控技术、柔性制造技术等。信息化的制造系统是通过各种应用分系统的协同运行来实现的。图 1-4 所示为制造系统的逻辑结构，即在计算机网络环境和分布式数据库系统的支持下，构成各应用系统的集成应用环境。

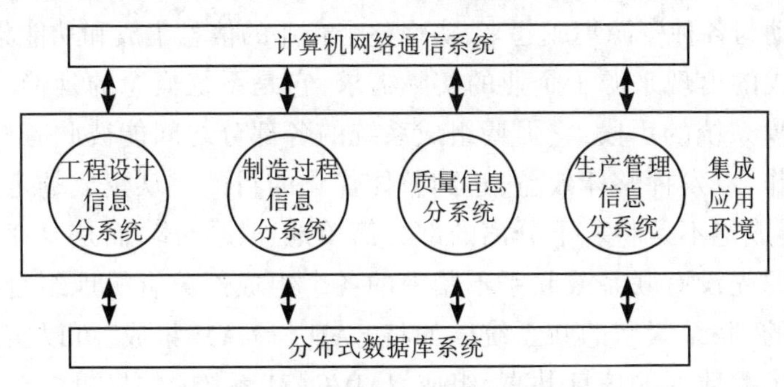

图 1-4　制造系统的逻辑结构

由于制造系统信息化包含的内容很广，因此对每一个具体的制造系统而言，制造系统信息化的实现并没有固定的内容和模式，企业应根据自身的特点有选择、有重点地进行制造系统的信息化建设。改革开放以后，我国的自动化技术已经跟上了国际上的发展步伐，但总体还是落后的。因此，要实现我国制造业的信息化应该认清发展方向，应用最新技术，迎头赶上，同时还要结合具体国情，有所创新。首先就是推动信息化，用信息化来推动自动化的发展，开发一些有生产基础的信息化产品。目前，我国还是以农业为主的国家，以信息化带动自动化，同时实现高新技术和基础工业的发展与建设，以自动化促进信息化，是我国目前至关重要的发展方向之一。

1.2.2.2 机械制造业方式的转变

一家企业如果仅仅靠提高制造过程的生产率是无法实现制造系统信息化的目标的，必须从总体架构上来进行改革以满足市场的需求。因而，20 世纪 80 年代以来，随着制造业信息化进程的推进，计算机集成制造、精良生产、敏捷制造和智能制造等许多新概念、新思想和新模式不断出现，这些先进的制造模式促使了机械制造业方式的转变，其中有些已得到广泛的应用并取得了良好的经济效益。

（1）计算机集成制造。

随着计算机技术的发展，美国学者 Joseph Harrington 在 1973 年出版的《Computer Integrated Manufacturing》一书中提出了计算机集成制造（CIM）的概念。它是以计算机网络和数据库为基础，通过计算机软、硬件将企业的经营、管理、计划、产品设计、加工制造、销售及服务等全部生产活动与各种资源集成起来，实现整个企业的信息集成和功能集成。

集成的出现来源于企业的实际需求，它是系统概念的延伸，是组成更大规模系统的手段，它强调组成系统的各部分之间能彼此有机地、协调地工作，以发挥整体效益，达到整体优化的目的。从集成的定义可以看出，集成绝不是将若干分离的部分简单地连接拼凑，而是要通过信息集成将原先没有联系或联系不紧密的各个组成部分有机地组合成为功能协调的、联系紧密的新系统。如将 CAD 与 CAM 集成，可以实现设计与制造工程数据的信息共享，组成 CAD/CAM 系统；如果再将企业的管理信息系统（MIS）与 CAD/CAM 系统进行集成，可以实现商用数据和工程数据的信息共享等。

制造企业实现集成的益处就是避免了自动化孤岛的出现，具体来说体现在如下几点：

①减少数据冗余，实现信息共享。如果不实现系统集成，各个分系统将成为信息孤岛，在这些孤岛之间必然存在大量的数据冗余。数据的冗余会造成数据的不一致性。如在一个企业内部的 CAD 系统、CAPP 系统、库存管理系统以及成本核算系统未进行集成，那么它们之间都要使用的物料清单（Bill Of Material，BOM）信息，将在这四个系统中重新录入，一方面会使工作量大，而且在录入过程中还会出错，导致数据不一致，甚至还可能引起生产的混乱，另一方面各系统之间的信息传递速度低，系统反应迟缓。因此实现集成是十分必要的。

②便于合理地规划和分布数据。在集成的环境下，企业数据的分散与集中存储应合理平衡，如主题数据库应集中存储，而各个子系统专用的专业数据库要分散存储，这会使计算机网络的数据传输速度快、负荷小并高效率运行。

③便于进行规模优化。规模优化是指一个企业的计算机和信息资源与该企业的业务流程相匹配，便于充分利用现有资源，获得较高的系

统性能价格比,并且随着企业需求的增长进行系统的扩充和升级[①]。

(2)精良生产。

精良生产(Lean Production, LP)是20世纪50年代日本工程师根据当时日本的实际情况——国内市场很小,所需的汽车种类繁多,又没有足够的资金和外汇购买西方最新的生产技术,而在丰田汽车公司创造的一种新的生产方式。这种生产方式综合了单件生产与大批量生产的优点,生产出来的产品质量更好。这种生产方式直到20世纪90年代才被第一次称为“精良生产”,它引起了欧美等发达国家以及许多发展中国家的极大兴趣。

精良生产的特点如下:

①强调人的作用和以“人”为中心。即企业把雇员看作是比机器更为重要的固定资产;工人是企业的主人;职工是多面手,其创造性得到充分发挥。

②在需求的驱动下,以简化为手段,追求实效的生产方式。即根据用户需求,确定生产任务和生产计划;根据加工工序需求,优化生产过程,减少生产成本;根据加工设备的需求,通过技术、技巧解决设备增加的问题。

③不断改进,实现“尽善尽美”的最终目标。

精良生产是一种将以最少的投入来获得成本低、质量高、产品投放市场快、用户满足的产品为目标的生产方式。与大批量生产方式相比较,其工厂中的人员、占用的场地、设备投资、新产品开发周期、工程设计所需工时及现场存货量等一切投入都大为减少,废品率也大为降低,而且能生产出更多更好的满足用户各种需求的变型产品。

(3)敏捷制造。

敏捷制造(Agile Manufacturing, AM)作为一种新的制造模式是在1991年由美国众多学者、企业家和政府官员在总结和预测经济发展客观规律的基础上,在“21世纪制造企业的战略”的报告中提出来的。它适应于产品生命周期越来越短,品种越来越多,批量越来越少,而顾客对产品的交货期、价格、质量和服务的要求却越来越高的市场竞争环境。敏捷制造强调企业之间的合作,可以加快产品更新换代的速度,提

① 周骥平,林岗.机械制造自动化技术[M].4版.北京:机械工业出版社,2019.

高顾客的产品满意度。

敏捷制造是基于企业内、外部的多功能动态虚拟组织机构。该组织机构是由职能不同的企业组成的,它以资源集成为原则。从广义上讲,它是面向产品经营过程的一种动态生产组织方式。

敏捷制造的核心是虚拟制造,是模拟产品设计、制造和装配的全过程。虚拟制造提供了交互的产品开发、生产计划调度、产品制造和后勤等过程的可视化工具,从范围来看覆盖了从车间到企业的各个方面。

(4)智能制造。

智能制造(Intelligent Manufacturing,IM)的概念最早出现于20世纪80年代,它试图突破当时流行的FA、CIM等概念的局限性,强调"智能机器"和"自治控制",是一种由智能机器和人类专家组成的人机一体化智能系统。它将成为21世纪新一代的制造系统模式。

智能制造的发展伴随着信息化的进步,不但改善了产品生产的方式,也极大地缩短了产品生产周期。智能制造具体在如下十大重点领域方面取得技术突破(表1-1)。

表1-1　智能制造的十大重点领域

十大领域	关键词
新一代信息技术	4G/5G通信、IPv6、物联网、云计算、大数据、三网融合、平板显示、集成电路、传感器
高档数控机床和机器人	五轴联动机床、数控机床、机器人、智能制造
航空航天装备	大飞机、发动机、无人机、北斗导航、长征运载火箭、航空复合材料、空间探测器
海洋工程装备及高技术船舶	海洋作业工程船、水下机器人、钻井平台
先进轨道交通装备	高铁、铁道及电动机车
节能与新能源汽车	新能源汽车、锂电池、充电桩
电力装备	光伏、风能、核电、智能电网
新材料	新型功能材料、先进结构材料、高性能复合材料
生物医药及高性能医疗器械	基因工程药物、新型疫苗、抗体药物、化学新药、现代中药、CT、超导磁共振成像、X射线机、加速器、细胞分析仪、基因测序
农业机械装备	拖拉机、联合收割机、收获机、采棉机、喷灌设备、农业航空作业

1.3 先进制造技术的前提与依据

先进制造技术是在传统制造技术的基础上发展起来的,依靠的是科技创新,贯彻的是先进制造理念;随着人类经济社会的发展,先进制造技术要不断地保持先进,依靠的还是科技创新,贯彻的还是先进制造理念。因此,科技创新和先进制造理念是先进制造技术的前提和依据,是先进制造技术可持续发展的“引擎”。

1.3.1 先进制造技术的前提——科技创新

1.3.1.1 科技创新的内涵

创新、技术创新、科技创新这些术语现已广为流传,创新的内涵可描述为:创新是“生产要素的重新组合”,是“抛开旧的,创造新的”,是“对设计、制造、分配和/或使用的社会和技术系统的任一改变,其目标是改善成本、质量、和/或满足客户要求的程度”。可以概括地认为,创新是促进人类科学技术、经济社会进步的破旧立新行为。

从“制造”到“创造”,虽只一字之差,但企业需要做的却大不一样,而最重要的是要有新的创意。传统观点认为,创意来自灵光一现,可遇而不可求。而现代的研究成果显示,新的创意来自同一个思路——杂交,亦即前述的重新组合。

比如,Victorinox 公司最近推出的一款附带移动硬盘的瑞士军刀。新的移动硬盘非常实用,可以在外出时携带。但是在乘坐飞机的时候,瑞士军刀只能托运,这对用户的数据来说存在安全隐患。为此,该公司又进一步创新改进,把移动硬盘做成可拆卸式的,这样就两全其美了。瑞士军刀和移动硬盘是两种风马牛不相及的产品,二者通过“杂交”或“重新组合”创新出一种新产品,为人类社会创造了新的财富。

科技创新的形式多种多样,如开发一个新产品,开辟一个新的市场,找到一种原料的新来源,开发一种新的生产工艺流程,采用一种新的企业组织形式,等等。

图 1–5 所示为科技创新的过程示意图。从根据新的创意进行自由

探索开始到产品规模产业化，这一过程中产生了社会财富增值，其中大部分用来提高人们的社会生活质量，一小部分用于进一步的创新活动。应该指出的是，并不是所有的创新产品都能实现规模产业化，但一定要鼓励和允许自由探讨。

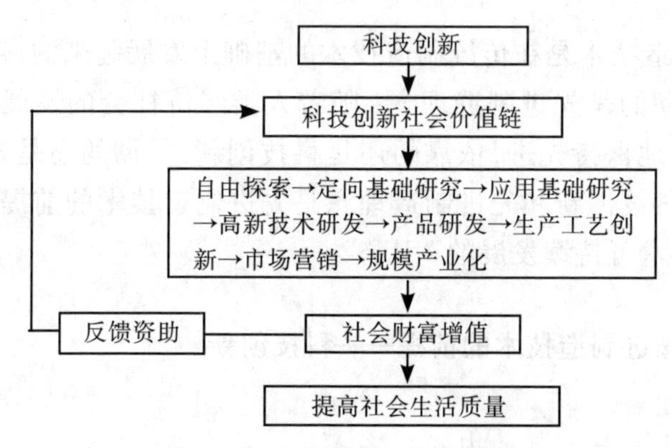

图 1-5　科技创新过程示意图

创新并不等同于发明，如前述的带移动硬盘的瑞士军刀，瑞士军刀和移动硬盘都是已有的产品，将二者重新组合或杂交在一起，就创造出了一款新产品。

1.3.1.2 科技创新的类型

按科技创新的方式分类，可将科技创新分为基础型创新、复合型创新、改进型创新三大类，如图 1-6 所示。

基础型创新主要发生于数学、物理、化学、天文、地理、生物等学科领域，比如对当前全球气候变暖的认识、量子力学的创立、分形几何的建立、神经网络的应用、计算机网络的建立、计算机辅助设计 / 制造（CAD/CAM）、刀具磨损规律的发现，等等。这一类创新偏重基础理论，其创新成果具有普遍的指导、参考价值①。

复合型创新或称集成型创新，是机械工程领域中的最主要的创新方式，先进制造技术就是多学科综合、集成的成果。高速切削加工就是集成了新型刀具材料、刀具结构与机床的多学科技术的创新成果；激光切割、雕刻技术创新体现了激光技术、CNC 技术、机床设计制造技术的集成。

① 宾鸿赞．先进制造技术［M］．武汉：华中科技大学出版社，2010.

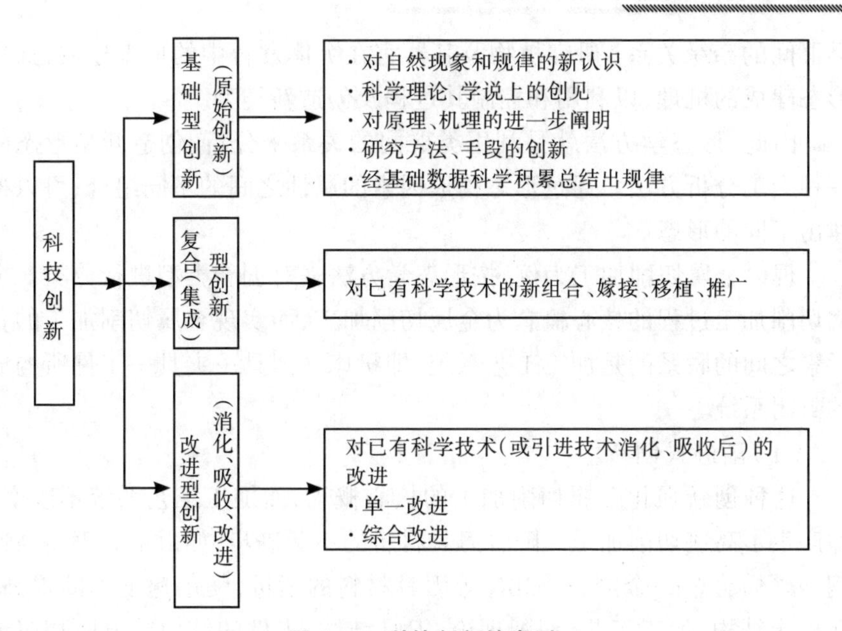

图 1-6 科技创新的类型

改进型创新，或引进技术的消化吸收后的改进也是机械工程领域重要创新手段之一。平时人们所讲到的技术革新就是这一类创新。如对传统机床的数控化改造，将机械传动改进为数控驱动是对传统机床的单一改进创新；引进某些产品后，通过消化吸收，全面实现其国产化，可视为一种综合改进型创新。

若按形态学方法对科技创新进行分类，可得到图 1-7 所示的结果。

核心概念

核心概念与元素之间的联系

	加强	推翻
不改变	渐进式创新	模块化创新
改变	体系（Architectural）创新	基础型（Radical）创新

图 1-7 科技创新的形态学方法分类

形态学方法的概念来源于植物形态学，植物形态学是研究植物的形态结构及其发生发展的科学，其主要任务如下：探索结构的规律性；研究植物及其器官在系统发育中的形成过程，以阐明植物进化的趋向和各类群间的亲缘关系；研究植物及其器官在个体发育中的形态建成，探讨形态建成的机理，以利用和控制其过程及创造新类型。

因此，形态学方法就是利用类群间的关系来分析、创造新型形态的一种人工分析方法。通过形态构成因素的属性之间的不同组合，可以构建出不同的形态。

现以金属切削加工为例，按形态学方法来对创新类型进行分类。金属切削加工过程的核心概念为金属切削加工，而实现金属切削加工的各元素之间的联系的是加工工艺系统，即机床—刀具—夹具—工件所构成的封闭系统。

（1）渐进式创新。

这种创新强化金属切削加工的核心概念，而加工工艺系统不改变，即产生了高速切削加工。随着刀具材料的不断进步，如由工具钢→高速钢→硬质合金→金刚石、CBN 等刀具材料的渐进，切削速度不断提高，在机床结构、加工工艺、切削理论、刀具结构、工件的结构等方面相应地也有了创新。但这种创新是渐进式的，故称为渐进式创新。例如，图 1-8 所示的高速机床主轴是实现高速切削加工的重要部件，这种电主轴采用的是电磁磁浮轴承，转速高达 40 000 r/min，径向静态刚度达 1 500 N/μm，轴向静态刚度为 700 N/μm，功率达 40 kW。

（2）体系创新。

强化金属切削加工核心概念，采用高速切削加工，而改变加工工艺系统，这样就产生了体系创新。体系创新最典型的例子是由传统的串联机床经创新得到并联机床，如图 1-9 所示。在传统机床中，各部件之间采用串联方式，一个部件与另一个部件之间相互联系，而多个部件相互之间没有直接联系，这样的连接刚度较低。受 Stewart 平台结构（一种由 6 根可控伸缩的连杆支撑的机构）的启示，近年来创新出一种新型机床，称为并联机床，它的主轴部件与刀头所在的动平台由多根可伸缩的杆件连接，通过计算机数控系统控制每一根杆的伸缩状态，就能使刀具切削点到达三维空间的任意位置而完成复杂形状的加工。这种并联机床具有刚度大、精度可靠的优点，但其加工范围较小，不能满足大尺寸加工要求，需进一步改进创新。图 1-10 所示为并联机床实物。并联机床已与传统机床的结构体系大不相同，故其创新形式为体系创新。

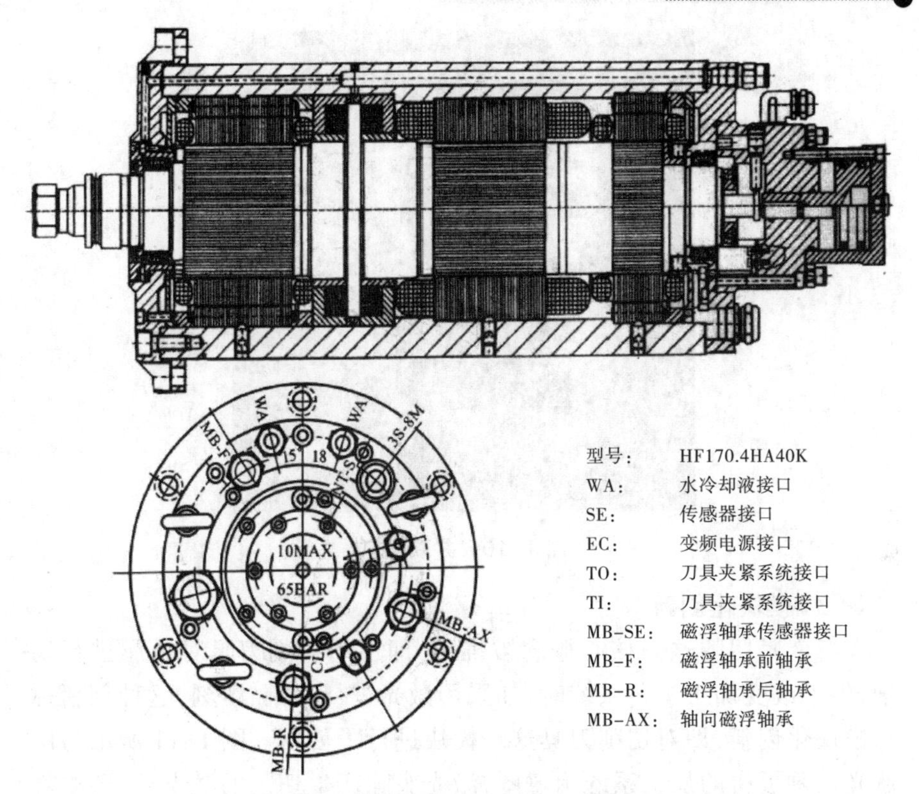

图 1-8 具有磁悬浮轴承的电主轴结构

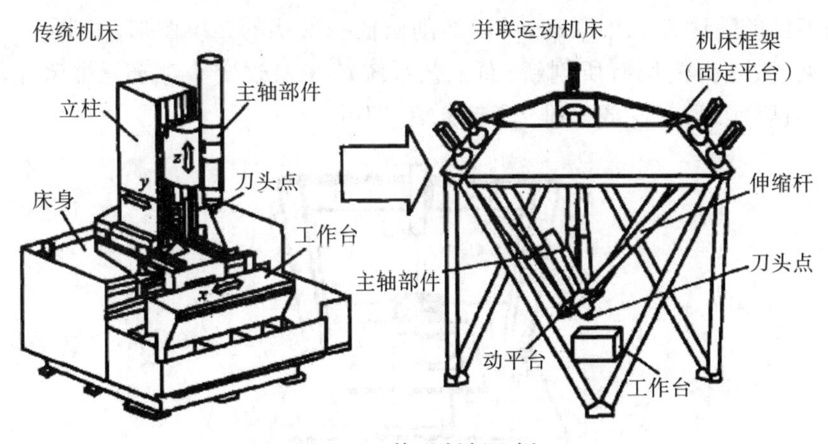

图 1-9 体系创新示例

图 1-10　并联机床

（3）模块化创新。

当金属切削这一核心概念被推翻，即不用切削刀具对金属进行切削，但不改变加工工艺系统时，如采用激光进行切割、雕刻，这种创新称为模块化创新，即对切削刀具这一模块进行了创新。图 1-11 所示为用激光切割板材的加工系统示意图，激光头除产生切割的激光外，还顺着横梁沿 x 方向移动，板材沿 y 方向移动，由 CNC 系统控制激光束沿被切割零件的轮廓作二维联动，可以切削出任一形状的二维图形。由图 1-11 可见，激光头模块有所创新，而工艺系统却并未改变。对于三维激光雕刻，只要实现三维（或多维）联动 CNC 即可。

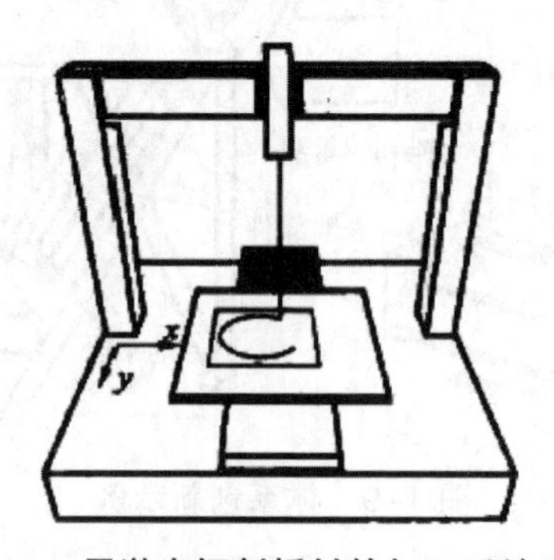

图 1-11　用激光切割板材的加工系统示意图

（4）基础型创新。

当金属切削加工的核心概念被推翻，工艺系统也发生改变时，就产生了基础型创新，即从根本上抛弃了旧的工艺方法而产生了新型的工艺方法。图 1-12 所示的分层实体制造(Laminated Object Manufacturing，LOM)方式对金属加工工艺而言是基础型创新。在 LOM 中，使用激光或刀片切割有黏性的层片，一层一层地黏结而成三维实体。工艺系统则由激光系统、薄材进给收集系统、成形件平台和热辐等构成。当 CNC 系统控制激光完成所需图形的切割后，热相滚过薄层对其进行加热，其背面的黏结剂熔化，使其与已成形的部分黏结在一起；成形件平台下降一层薄材厚度，送料机构即薄材进给收集系统动作，将新的薄板置于成形平台的加工位置上，而废料则被卷起收集，激光开始切割新薄层的形状……如此循环，直到整个实体零件做成为止。

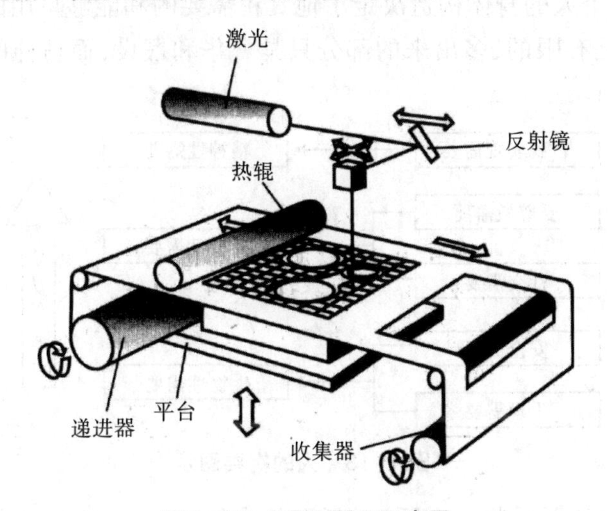

图 1-12 LOM 原理示意图

形态学方法不仅能用于对创新类型分类，而且它本身也是一种构思创新的方法。这里所介绍的渐进式创新、体系创新、模块化创新、基础型创新等四种创新方式中任一种，又可以按形态学方法继续创新，只要分析出核心概念及核心概念与元素之间的联系即可。应指出的是，形态学方法是一种分析问题的思路与途径，至于高速切削、激光切割等的核心概念则是由当代技术发展水平决定的，新颖的想法在目前技术条件下难以实现的情况也是经常出现的、正常的，但它为人们开拓了创新的思路。

1.3.1.3 科技创新的动力与空间

（1）科技创新的动力。

心理学认为，人们从事一切活动都是为了满足自己的某种需要，需要是行为的本源，需要是推动行为的原动力。科技创新作为一种科技行为，其动力的本源也应追溯到某种需要上。

按心理学家马斯洛的著名理论，人的需要从低到高呈金字塔结构，如图 1–13 所示。归纳起来，人的需要可笼统地分为物质需要和精神需要两项。在生存需要能够基本满足之后，应将精神需要上升到主导地位，因为一个人的身体构造决定了他真正需要的和能够享用的物质生活资料终归是有限的，多出来的部分只是奢华和摆设，而精神的快乐才可能是无限的。

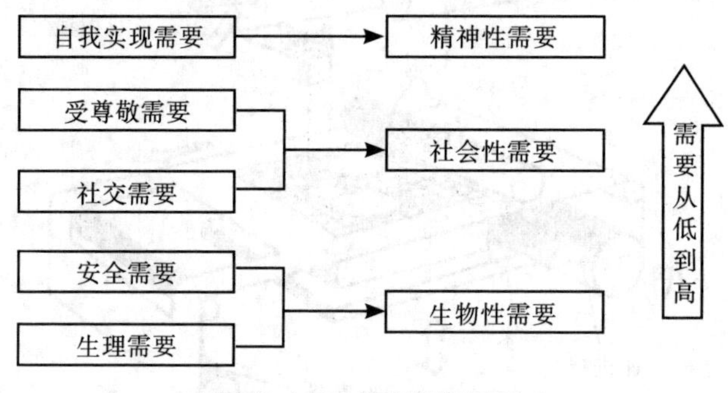

图 1–13　人的需要图示

科技创新既是物质需要（如抵御外来侵略、抵抗疾病的危害都牵涉生存安全问题），又是精神需要（如自我价值实现、获得社会的认同与尊敬等）。因此，科技创新是必须进行的。

对于工程领域的科技创新，其驱动力有两种。

①正向驱动力——推力。

科技发明与进步推动着人们将新科技成果应用到相应的工程领域，从而产生了一系列科技创新，如计算机软、硬件技术的迅速发展，不断地推动着机械制造领域中的设计、制造、自动化的创新日新月异；激光等高能束能源的进步推动着加工制造的创新；扫描隧道显微镜（STM）的出现，大大推动了微纳加工的创新。

②逆向驱动力——拉力。

满足生产、经济的发展需求，实现市场的拉动作用都需要科技创新，例如,21 世纪是以环保为核心的世纪,要求经济社会的发展模式必须从大量消费资源、大量产生废弃物的生产转变为资源循环利用的生产模式。为此,需要进行大量的科技创新,如发展坯件的精密化技术、微细化技术,与材料相对应的加工技术、综合化技术等。

(2)科技创新的空间。

要使经济社会沿着科学发展规律前进,必须不断地进行科技创新,创新的空间广阔、任务繁重。

从宏观上讲,21 世纪的制造具有信息化、网络化和环保(可持续化和绿色化)的特点,需要对传统制造技术进行大量的科技创新。为了将我国由制造大国变成制造强国,实现又好又快的跨越式发展,必须依靠科技创新,走自主知识产权的发展道路。

下面从我国机械制造学科发展的几个方面来比较我国与国外先进制造水平的差距。

①信息化方面。

信息化主要指数字化、智能化。经过多年的发展,我国在数控机床共性技术和关键技术研究上已有重大突破,解决了多轴联动数控系统、远程数据传输及控制等技术难题,自主开发了数控龙门加工中心、五轴联动数控加工机床,功能部件基本满足中、低档数控机床配套要求。但是,我国在中档及以上数控系统市场被 FANUC、SEIMENS 等国外品牌垄断。2004 年,我国高档数控机床的进口比例高达 95%。据估计,我国的数控与数字装备技术落后世界先进水平 10 ~ 15 年。

在制造过程监控方面,因工况监控和质量控制措施不力所导致的损失在我国企业中屡见不鲜。而工业发达国家一直十分重视加工过程中的工况监控和质量控制,并将其视为实现稳态和高效工艺过程的重要技术基础。美国密歇根大学通过分布式传感检测实现了汽车车床装配多工位制造过程的质量控制与误差溯源,有关研究成果已在多家汽车厂应用。

随着产品复杂性的提高,制造系统的规模越来越大,制造系统的运行效率问题也日益突出。制造业发达国家非常重视对制造系统的优化,并强调信息化方法在其中的重要价值,在制造过程优化以提高生产效率方面做了大量的工作。如美国在新一代军用战斗机 JSF 的制造中,通过快速有效的部署,减少了大约 60% 的制造时间,使得从接受订单到交货使用的时间由 15 个月(对 F-16 战斗机)减少到现在的 5 个月。而根据统计数据,我国 2001 年的劳动生产率仅相当于美国 1995 年的 1/20。

智能制造思想源于美国。日本、美国、澳大利亚、瑞士、韩国等国和欧盟在 1991 年 1 月联合开展了 IMS 国际合作计划,能使人和智能设备都不受限制,形成彼此合作的高技术生产系统,其目标是先行开发下一代的制造技术。我国在智能制造上的投入有限,智能化装备技术水平落后国外 5~10 年。

②精密化、微型化方面。

我国的精密化制造技术与国外的相比仍然有阶段性差距,其中精密成形和精密、超精密加工的技术水平整体落后工业发达国家 10 ~ 15 年,个别技术甚至落后 30 年。我国对纳米科技研究的资金支持力度只有工业发达国家的约 1/20[①]。

我国在微纳制造的若干方面已达到国际一流水平,如拥有了波纹度和粗糙度均达到 1 Å 以下的超光滑表面制造技术、特征尺寸达到 80 nm 的软压印技术,并能制造多种微器件(如微麦克风、微加速度计等)。但在微涡轮发动机、芯片级微传感器、纳米光刻技术、纳米刻蚀技术等研究方面与发达国家有较大差距。

在微型化技术的工程应用方面,我国与国外的差距也较明显。目前,集成电路的高端设备和制造技术基本上被发达国家垄断,如打印机喷头、汽车安全气囊的加速度传感器等微机电系统(MEMS)器件均多为国外大公司生产。

③生命化方面。

在生物制造的应用研究和市场化推广中,国外更为实际和深入。在各种人工假体的生物制造方面,国内外有临床手术应用的报道,但国外技术更加成熟,如可制作形态和颜色非常逼真的义耳。

在人体器官的重建和修复方面,如美国 MIT 的 Aboimed 公司开发出 Abio Cor 全人工心脏,之后在皮肤、骨、软骨实现了产品化。目前,美国人造器官产业已形成 40 亿美元的规模,并以每年 25% 的速度递增。

在相关的干细胞、生物材料、培养技术等方面的研究,国外更为深入,积累的技术成果更多。美国 Carnegie Mellon 大学 2006 年 11 月利用干细胞和喷墨(inkjet)技术,得到了平面上骨细胞和肌细胞两种细胞组织构建的雏形。英国 Newcastle 大学基于干细胞和微重力培养技术

① 中国科学技术协会,中国机械工程学会 .2006—2007 机械工程学科发展报告[M]. 北京:中国科学技术出版社,2007.

制造出 25.4 mm 的肝脏组织。

④生态化方面。

我国在可持续制造方面的研究与产业化方面与工业发达国家比较，主要差距是节能减排、降耗、环境污染等方面的法规不完善，执行力度不够；可持续制造的相关理论和方法研究不系统，深度不够，缺乏对可持续制造技术的指导作用；可持续制造工艺和装备开发落后，难以为传统制造企业的“绿色化”提供技术、设备支持。

总之，要尽快地缩短这几方面的差距，不能按工业发达国家的传统模式与途径，而必须靠科技创新，实现跨越式发展。

1.3.1.4 科技创新的方法

对于科技创新的方法可以从创新构思、创新思维、创新模式三个方面来介绍。

(1)创新构思。

创新构思是科技创新的关键，这就需要创造性。激发创造性的方法现有上百种，大致可分为五类：属性分析、需求评估、相关分析、趋势分析、群体创造。

①属性分析。罗列所研究对象各方面(如物理、功能、系统结构等)的属性，考虑各种变化与组合，以激发出创新方案，即属性分析。

②需求评估。需求评估是指对市场进行细分，如在运动鞋市场，瞄准老年人穿鞋习惯与要求开发老年人的适用鞋。

③相关分析。相关分析是指进行类比联想。并行机床就是通过对传统的 Stewart 平台进行类比联想而创新的。

④趋势分析。趋势分析是指对新需求出现的预测。在将计算机辅助功能应用于设计、工艺规程编制等方面时，要考虑有丰富经验工程师的需要，他们在计算机技术知识的掌握上要逊于年轻人，所以，开发的 CAD、CAPP 系统要方便他们将丰富的工程实践经验与计算机技术有机结合，由此创新出具有自主知识产权的系统软件，如武汉开目公司研制的 KMCAD、KMCAPP 等。

⑤群体创造。群体创造即多学科人员集思广益，攻克科技难关。如“神舟七号”载人飞船、精密数控机床的研制等许多重大项目都是多学科人员创新的集成。

激发创新构思,可在探索未知的新领域、观察问题的新视角、概念术语的新阐释、研究方法的新探索、学科知识的新融合、理论观点的新突破等方面寻求创新突破点。

(2)创新思维。

创新的学术基础是知识,没有厚重的知识做基础,一般很难产生创新性想法。

对先进制造技术而论,领域主导知识(或称使能知识)包括制造本身的机理、规律、技术、技能、装置及系统等方面的知识。这些知识有些是量化的,有些是非量化的(如经验);这些知识也是动态的,随着科技进步而变化。对于领域主导知识,要做到"四知道"(是什么、为什么、怎么做、谁有知识)。而领域辅助知识(知识群)包括计算机科学与技术、信息论、生态学、管理科学等,对于领域的辅助知识,只要做到"三知道",不要求知道为什么。要进行先进制造技术创新,首先要牢固掌握领域主导知识,领域的辅助知识只用来辅助主导知识。

有了知识,还必须善于运用,创新思维方法也很重要,几种常用的创新思维方法如下:

①极端化思维。研究对象在极端条件下的行为,如超高速切削、超高速磨削、超低进给(蠕动)磨削、超精密加工、干式切(磨)削等都属于极端化思维所产生的创新成果。

②逆向思维。逆习惯思维方向而思之。如反求工程即为逆向思维的典型创新。

③规模化思维。量变带来质变,使事物规模化就是创新。互联网络是由两台电脑连接经规模化而产生的创新成果;集装箱是将物品放在箱子里便于搬运而规模化的创新结果;将螺钉、螺帽作为一种标准件进行规模化生产,许多新工艺(如搓、滚压等)就创新出来了。

④跨学科思维。新学科的创新和成长常常发生在学科交叉点上,如在仿生制造方面,挖泥铲斗仿昆虫的背壳结构而不黏泥;活体制造是仿照器官的细胞生长发育过程而创新出来的。

⑤形态学思维。将事物构成元素按一定规律重组,得到创新思路即形态学思维方法,这是一种很实用的创新思维方法。

⑥可持续性思维。可持续性思维是指立足于环境生态大系统中分析思考,如生态型工业链的创新等。

(3)创新模式。

创新模式即创新的组织形式,通常有个体式创新和团队式创新两种。

①个体式创新。个体式创新是指为适应自由探索科学研究的需要而进行的,或师徒相承式的精英教育(研究生培养以导师负责制为主)下的创新,这种创新弱化了外界环境作用,个人长期坚持,不受外界干扰。许多重大发现往往是个体式创新的结果,诺贝尔奖只奖励个人是有依据的。

②团队式创新。团队式创新重视团队环境的作用,资源共享、相互激励、相互监督,为成就某个工程任务而创新,如我国的"两弹一星"就是团队式创新成果。

1.3.2 先进制造技术的依据——先进制造理念

理念是思想与观念的综合,只有以先进的制造理念为指导,才有可能产生先进的制造技术,因此可以认为,先进制造理念是产生先进制造技术灵感的触发源。

1.3.2.1 以人为本的制造理念

生产、制造的最终目的是最大限度地满足人们物质与精神的需要,不仅要提供价廉物美的产品,而且也要构建舒适、安全、健康的工作环境。因此,以人为本的制造理念的核心有两点:①满足客户要求的个性化产品,在质量、成本、交货期、耐用性等方面满足客户提出的要求;②由人操作的机器、工具应符合人因工程准则,工人的操作运行环境要让人感到舒适、安全、健康。

1. 大批量定制

大批量定制(Mass Customization,MC)是21世纪的先进生产模式,它将定制生产和大批量生产两种生产方式有机地结合起来,体现了以人为本的制造理念。

实现大批量定制的必备条件有两个,即流动制造和敏捷供应链(Spontaneous Supply Chain)。流动制造能提供小批量甚至批量为1件的产品生产,为此要尽量减少生产系统的装调或加速装调工作。敏捷供应链保证所需求材料、零件总是可以得到,为此,第一步是简化供应链,包括标准化、采用自动重复供应技术、生产线的合理化。供应链简化的目的是尽可能地减少零件和原材料的种类,而这些材料能利用自动的重复供应技术敏捷地采购到。零件和材料种类的减少将精简供货商队伍,进一步简化供应链[①]。

(1)大批量定制的要素。

根据大批量定制的特征分析确定,产品多样化、时间和成本是大批量定制的三大要素。

①产品多样化。

产品多样化分为外部多样化和内部多样化。产品外部多样化是客户欢迎的、有用的并能被客户感受到的多样化,如产品的外观、颜色等。产品内部多样化是在产品制造和分销过程中厂家可以感受到的多样化。它通常表现为零件、特征、工具、夹具、原材料和工艺方面的种类较多。

大批量定制企业应该利用模块化、标准化技术,将产品内部多样化程度降至最低,以最低的内部多样化程度获得程度最高、有用的外部多样化,从而大大缩短产品的交货期和减少产品的定制成本,同时拥有定制和大批量生产的优势。

②时间。

大批量定制企业面临两个时间挑战:短的产品更新换代周期和短的产品交货期。由于消费者需求的不断变化和新一代产品的不断推出,产品的更新换代越来越频繁。例如,在信息技术产业,20 世纪 70 年代平均一代产品可以在市场上生存 8 年,20 世纪 80 年代则缩短到不足 2 年,进入 21 世纪则可能只有短短几个月的时间。由于细分市场规模越来越小且不断变化,企业只有以更快的速度生产出更多品种的产品才能不断取得成功。面向订单的生产方式,使得交货期成为客户选择一个企业产品与服务的重要标准。

③成本。

大批量定制企业需要以接近大批量生产的成本向客户提供定制的产品。

在大批量生产中,通过重复生产以提高产品的生产批量来降低成本。在客户对产品保持单一、稳定需求的情况下,批量带来了低价位。但随着产品多样性的增加、批量减小,产品的成本会急剧升高。

---

① 宾鸿赞．先进制造技术[M].武汉:华中科技大学出版社,2010.

(2)大批量定制生产系统实例。

现以金属板材电气柜的定制过程为例来说明大批量定制系统,如图1-14所示,其中实线表示物料流,虚线表示信息流。

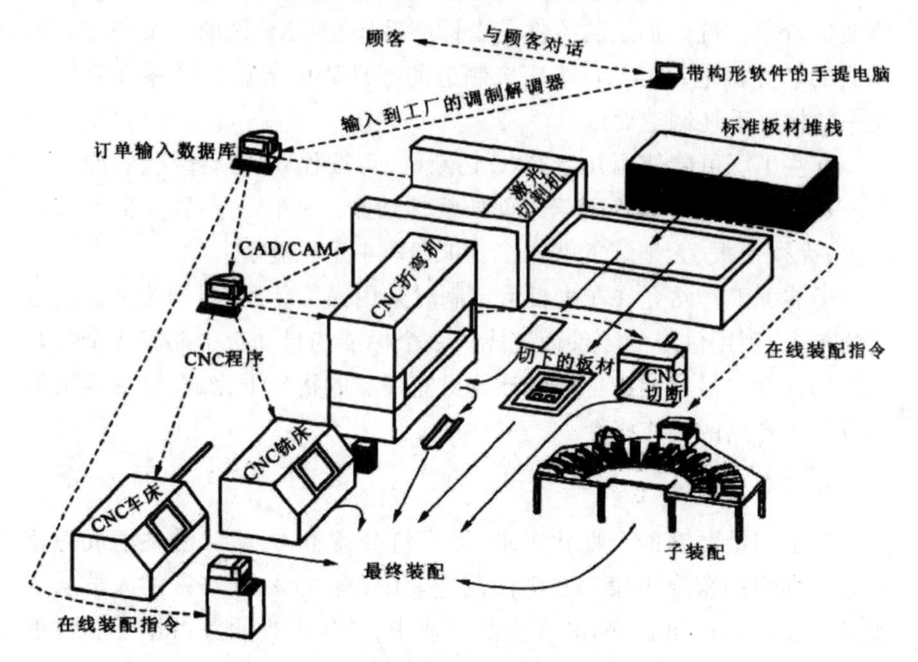

图1-14 金属板材电气柜大批量定制示意图

通过安装在手提电脑上的虚拟产品模型,企业销售人员可以和顾客进行需求沟通,确定能够满足他们需求的电气柜设计方案。

客户的订单信息输入到工厂的订单数据库,根据订单信息,在现有产品族模型基础上,变型生成满足客户订单需求的相应产品,并生成相应的CAD图形、CNC程序、装配指令等。

CNC程序和装配指令被分配到各个具有柔性生产能力的数控加工设备,进行生产。实际生产由将金属板材从标准的板材堆栈送到激光切割机开始。原材料的组合标准化是减少材料费用的关键,以按需提供原材料,制造任意订货、任一批量的任一产品。最理想的原材料是单一品种的,多种类型的原材料需配置多个送料装置。切割下的边料可用来切割小型零件,优化板材的排料可以降低材料成本。

由激光切割机完成全部板材的切割加工,包括所有孔、缺口的切割以及材料的切断。从局部来看,这样做可能不是最快的,每一道工序也不是最有效的。但是,没有装调变化的工序,没有中间库存,从总体上来看,工厂的产出最快且总成本最低。

激光切割机的输出是每一个产品的一组切下的板材。其中有一些通过CNC折弯机将板材折弯,余下的板材可以送去焊接或直接进入最终装配阶段。铣削加工的零件是由标准毛坯在CNC铣削加工中心制造而成的。类似地,用CNC车床来制造的零件族中的旋转体零件最好由统一的棒料毛坯制造而成。

有些工厂可能使用几台CNC切断机,可按程序切断棒料、卷曲的板材。通常,CNC切断机用于零件的线性切断。操作工人只要根据指令提示,无须预报、无须订货就能按要求切取一定长度。

子装配工作站允许在大批量定制时采用人工装配,根据监视器上显示的指令,利用供应的零件而完成。一个标准的自动扳手能完成全部紧固件的拧紧。最终装配也是在计算机监视器的指导下完成,监视器给出了每一个产品的相应指令。

2. 服务型制造

为了满足顾客的个性化需求,提高自身竞争力,服务已逐渐成为企业争夺客户的重要手段。在美国制造业中,有65% ~ 75%的人员从事服务工作。如在出版、药品和食品行业中,非生产性服务占据了非常重要的位置。

服务业和制造业的融合,使传统的制造业发生了变化。

①有形产品附加了更多的服务或向服务化方向发展。在满足顾客需求方面,企业不再通过一次性交易的方式销售实物产品,而更倾向于采用服务型交易,以“产品+服务”的方式为顾客提供整套的、全生命周期的解决方案。

②在提供产品服务系统的过程中,企业间分工更为深入,通过相互提供生产性服务实现高效生产和快速创新。这种制造业与服务业相融合的新型制造称为服务型制造。

服务型制造体现了“以人为本”的制造理念。

(1)服务型制造的概念模型。

服务型制造的概念模型如图1-15所示。生产性服务、服务性生产、顾客全程参与构成了服务型制造的三个基石。

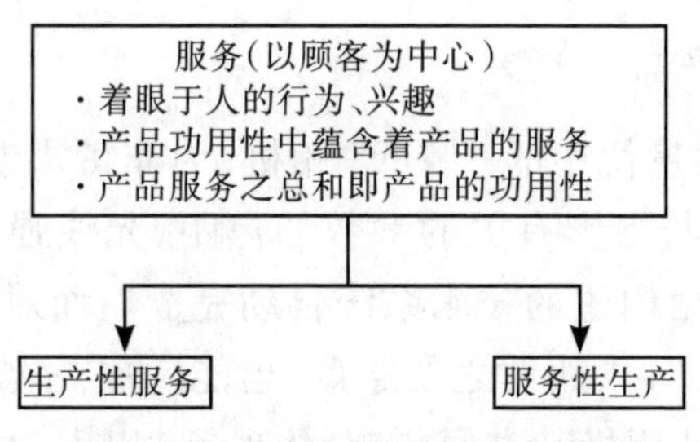

图 1-15 服务型制造的概念模型

由图 1-15 可知服务型制造的三个基石的具体含义。

①生产性服务。生产性服务包括科研开发、管理咨询、工程设计、金融、保险、法律、会计、运输、通信、市场营销、工程和产品维护等方面的服务。

②服务性生产。服务性生产是指将产品制造的一部分或全部环节外包给专业化的制造商来完成,也有越来越多的专业化制造服务外包商(如富士康科技集团)为其他企业提供制造外包的服务性生产活动。

③顾客全程参与。让顾客参与产品设计、制造的全过程,从而感知和发现顾客的新需求,找到制造的用武之地,也拓展了企业的价值增长空间,从而将技术进步转化为生产能力和竞争力。

(2)服务型制造的 BIT 模型。

服务型制造的 BIT 模型如图 1-16 所示。BIT(B 代表商业模式、I 代表行业洞察、T 代表技术优势)模型是用来观察、审视企业服务创新的三维模型。

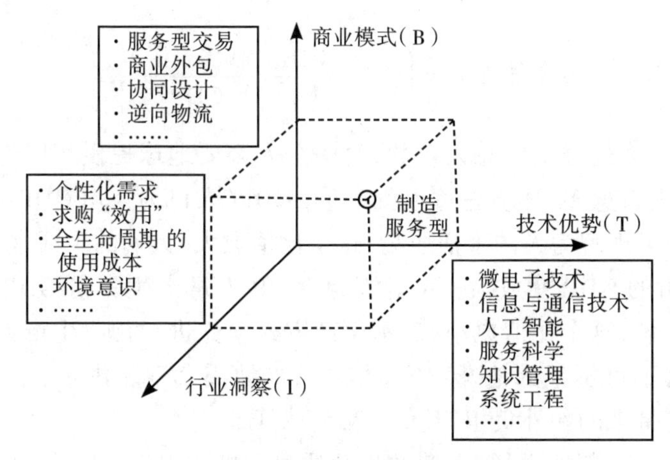

图 1-16 服务型制造的 BIT 模型

3.“傻瓜”型产品

人们熟悉并大量使用的“傻瓜”相机,为非摄影专业的人员提供了满意的服务,它把与摄影有关的参数如焦距、光线强弱、曝光时间等优化组合,参数设置由内置的技术系统自动完成。而对客户而言,只要瞄准方位、按下按钮即可,故谓之“傻瓜”也能完成。这种“傻瓜”型相机技术含量高,用户使用极其方便,充分体现了“以人为本”的制造理念。

许多制造装备如机床,由于内置众多传感器,能及时监测其运行状态,如遇到故障将发出声响或闪光,提示人们及时处理事件或故障,防止不规范的运行状态延续,保证了生产的正常合理进行。这种设备也称为“傻瓜”型设备,它大大减轻了操作人员的劳动负担,也充分体现了以人为本的制造理念。

1.3.2.2 以环境为本的制造理念

为缓解资源、环境和人口这三大热点问题所带来的种种危害,可持续发展已被公认为21世纪的主要生产模式,可持续发展是我国的基本国策之一。

21世纪是以环保为核心的世纪。传统的生产是以大量消费资源(如人力、物质、能源、财富等)并因而大量产生废弃物的模式进行的,但在21世纪的环保要求下,生产模式必须要实现资源的循环利用。

现以下式来论述生产方式改变的重要性。

$$\text{环境总负担} = \left(\text{人口} \times \frac{\text{GDP}}{\text{人口}} \times \frac{\text{环境资源}}{\text{GDP}}\right) K_{\text{T}}$$

式中,人口为地球上的总人口数,每一个人都要地球提供赖以生存的各种资源,人口愈多,环境总负担就愈重;GDP/人口为人均GDP(国内生产总值),可理解为人的生活质量,这个比值愈大,人们的生活水平愈高,需要产出的GDP就愈大;环境资源/GDP为每产生一份GDP所消费的环境资源,这个比值愈小,表示生产方式愈先进,否则,生产方式愈粗放;K_{T}为不可抗拒的地球灾害的影响,如地震、海啸、洪水、干旱、瘟疫等给环境带来的额外负担,其值一般都大于1。

当人口不断地增加,人们的生活质量不断提升时,为了维持地球的承受能力,就必须采用先进的生产方式,必须实现资源的循环利用。为此，出现了可持续制造、生态型制造、再制造等先进制造技术。

有科学家计算指出，在现有生产方式下，全世界的人若都按西方富人的生活标准来消费，则需要50个地球才能承受其重负。

为了体现以环保为核心的制造理念，制造领域需创新加工技术，达到如下要求：

①可重复利用的资源在重复利用的框架内消费。

②不可重复利用的资源尽可能由可重复利用的资源取代，在与生产量保持平衡的范围内消费。

③废弃物的排放量控制在自然净化的可能范围内。

因此，制造技术应努力开发资源循环利用系统，包括建立循环利用型的生产系统，实现零辐射及耗用能源最小化，确立环境承受极限评价技术。

具体而论，满足以上各项要求的加工技术在近期内可预见的有以下几种。

①坯件精密化技术，如飞机发动机零件的恒温锻造和精密热锻造技术、坯件精密成形技术、成形仿真技术等。只有坯件精密化了，切削加工余量减少，资源才有可能得以充分利用。

②与材料相对应的加工技术。为了保证加工的超高精度和高稳定性要求，除了使加工技术微细化（达到10 nm水平的加工指标）外，还必须加强材料学的研究。随着纳米级粒子技术的发展，纳米结构体、薄膜及复合材料的制作将进一步发展，加工和材料开发工程相一致的领域增多，对于新材料的加工技术需不断进行探讨。

③综合化技术，可将不同的工艺综合应用到同一个工艺规程的作业中，满足高功能化、高效率化、低环境负面影响等要求；也可对废弃物零排放的不同领域进行融合，如将坯件精密成形、干式加工、激光焊接、镀层厚板的冲孔加工等不同的加工工艺综合应用，环保效果好。

在以环境为本的制造理念的驱动下，国内外都取得了一些可喜成果。

目前，美国、德国、法国等把每辆旧汽车75%的零部件都进行了回收并重新利用。美国的三大汽车公司在密歇根州的海兰帕特建立了汽车回收开发中心，对汽车进行拆卸研究。德国大众汽车公司在回收再利用废旧汽车方面更注重于促使汽车易于分解，以便重新利用。宝马公司已建立起一套完善的回收品经营连锁店的全国性网络。法国标致－雪铁龙集团联合法国废钢铁公司等建立了汽车分解厂；雷诺汽车公司同法国废钢铁公司建立了报废汽车回收中心。法国一些汽车厂家特意让回收人员参与汽车产品的设计,并与工程师们共同研究如何把汽车设计得更易于回收。

近年来,研究得较多的典型绿色生产工艺有干式切削和干式磨削工艺、节能制造工艺、低温冷却加工工艺、喷雾冷却工艺、废弃物排放及回收工艺等。利用这些工艺在生产过程中可以实现资源优化配置、节省材料和能源,最大限度地发挥生产设备与工艺装备的效能,有效地回收与处理生产过程中的各种中间废弃物,同时操作方便、清洁无(或少)污染、优质、高效,且安全可靠。

日本、德国、美国等工业发达国家非常重视绿色生产工艺与装备的研究,在应用方面已经走在了世界发展的前列。日本为了鼓励材料回收制订了相关的法律法规,日本通产省还发起了生态工厂研发计划。而丹麦的凯伦堡生态工业园则是一个成功的工业生态系统的典范。

经过几年的发展,我国在绿色设计理论与方法,节能、环保及清洁化生产,再制造等方面都取得了一些具有自主知识产权的成果。对一些耗能、污染企业与装置,国家采取强有力的措施、手段予以改造或关停,使得我国的自然环境开始好转。

经研究表明,车辆自身质量减轻10%,可降低油耗5%～8%。汽车轻量化技术的发展体现在:①轻质材料的使用比重不断提高,如铝合金、镁合金、钛合金、塑料、生态复合材料及陶瓷的应用越来越多;②结构优化和零部件的模块化设计技术使高刚性结构和超轻悬架结构得以应用。

1.3.2.3 以信息为核心的制造理念

在进入信息时代后,传统的机械制造行业面临信息化改造、提升等问题。图1-17所示为制造业信息化内涵,它涉及设计、制造、材料、信息交换、管理等主体领域,体现出以信息为核心的制造理念。

在机械制造中,主要的信息包括数据信息、图形信息、知识与经验信息等,它们都要以数字形式来表示,这样才能利用数字计算机来分析、处理、控制。

数字从计算机技术或信息技术角度看,是用来表示事物以及事物之间联系的符号,是信息的载体,信息体现的则是数字的内涵。数字是计算机技术的基础,数字计算机所处理的任何对象首先都必须表示为数字的形式。

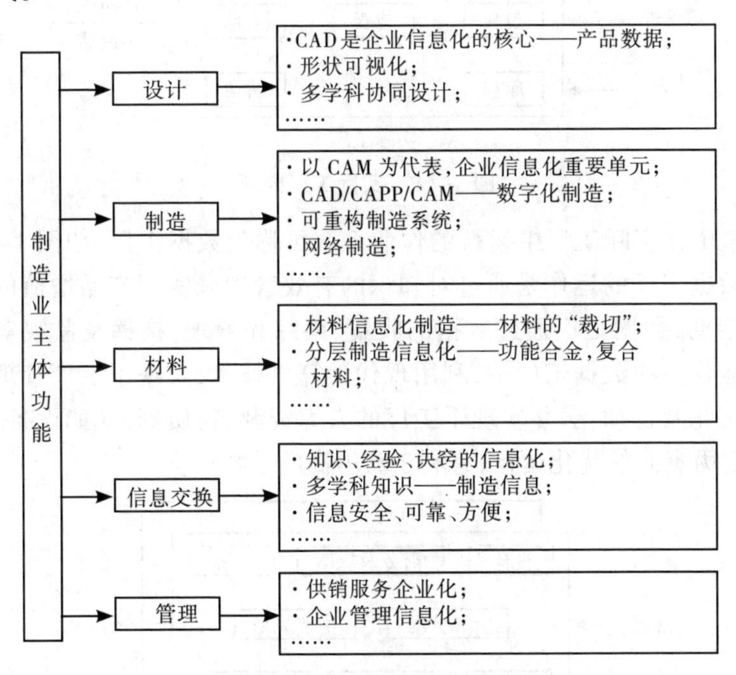

图1-17 制造业信息化内涵

数字化制造是在计算机网络和相关软件的支持下,将产品全生命周期的营销、管理和技术活动,用数字来定量、表述、传递、存储、处理和管理。典型的数字化制造技术包括CAD/CAM、CNC、柔性制造单元(FMC)、柔性制造系统(FMS)、计算机辅助检验(CAI)、管理信息系统(MIS)、制造资源计划(MRP-Ⅱ)、企业资源计划(ERP)、产品数据管理(PDM)、虚拟制造(VM)、网络化制造(Web-M)等。可见,数字化制造技术是以信息为核心制造理念的产物。

下面以一个实际工厂(Physical Factory),转变为数据工厂(Data Factory),进而转变为数码工厂(Digital Factory)的演变过程,说明数字化所起的重要作用。

一个实际工厂的模型如图1-18所示。工厂输入原材料或半成品,通过设计、加工制造及质量检验等工序,把制成品交到顾客手中。制成品的价格减去原材料及加工、装配、检验、储运等工序的费用,就是企业的利润。对于一个创新的产品,往往要先制造样机,称为试制。

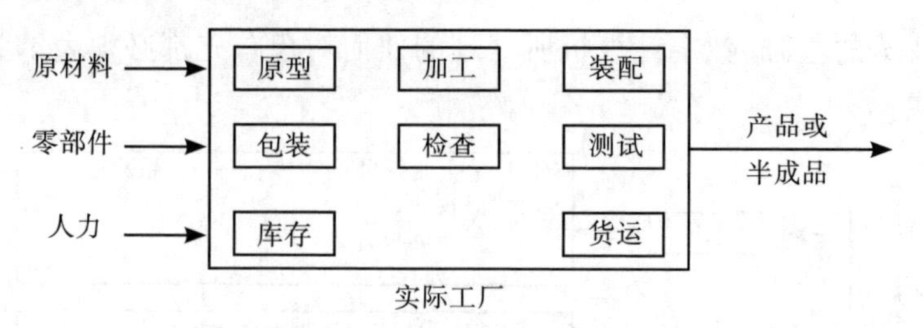

图 1-18　实际工厂内涵

这个在实际工厂中运行的作业系统可称为数据工厂，如图 1-19 所示。数据工厂的运作是通过对知识的有效管理来实现产品增值的一种生产活动，数据工厂通过数据的收集、跟踪和管理，指挥及监视实际工厂的运作。在数据工厂中，利用现代计算机技术，实现了工厂管理制度的系统化及自动化，并实现了工厂的人力资源、物质资源（如设备、能源等）、财力资源的优化运行，有利于获得高的效益。

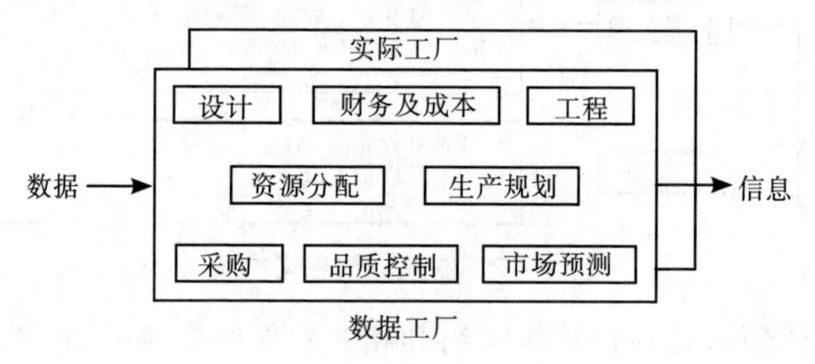

图 1-19　数据工厂内涵

如图 1-20 所示，数码工厂的原料是关于企业产品及市场的信息，信息经过各种数字化处理后，成为决策及行动的方案。

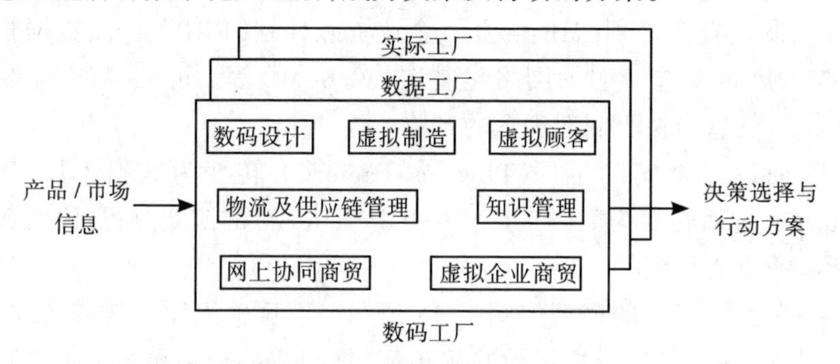

图 1-20　数码工厂的内涵

数码工厂已在航天、汽车工业和机床工业中得到了不同程度的试验和应用。数字化工厂或数码工厂的出现，是以信息为核心的制造理念的集中体现。

1.3.2.4 快速响应市场的制造理念

在当今的世界市场中,TQCS 已经成为衡量一个企业竞争能力高低的重要指标,其中 T 为产品上市时间(Time to Market),Q 为产品质量(Quality),C 为产品的成本(Cost),S 为服务(Service)。在这四个因素中,T 是最为重要的因素,它是 21 世纪企业赢得竞争优势的关键所在。

为了快速响应市场,制造企业的总体目标是实现快速设计、快速制造、快速检测、快速响应和快速重组。

在这种制造理念的驱动下,涌现出如下的先进制造技术。

1. 网络化设计与制造

随着 Internet 技术的迅速发展,制造企业可以通过网络实现对分布的制造资源进行快速调集和利用,通过动态联盟或虚拟企业的形式实现制造企业的快速动态重组,通过异地并行设计和虚拟制造方法提高企业对市场的快速反应能力。

网络化设计与制造在广义上表现为使用网络的企业和企业间可以实现跨地域的协同设计、协同制造、信息共享、远程监控及远程服务,企业可以实现对社会的商品供应、销售及为社会提供服务等,在狭义上表现为企业内部的网络化,将企业内部的管理部门(如产、供、销、人、财、物等部门)、设计部门(如 CAD、CAPP、CAE 等部门)、生产部门(如 CAM、生产监测、刀具、夹具、量具、材料管理、设备管理等部门)在网络数据库支持下进行集成。

波音 777 客机在美国进行概念设计、在日本进行部件设计、在新加坡进行零件设计,由分布在世界各地的 7 000 多人参与研制,形成了 238 个协同工作小组,每个小组由相关的设计、工艺、制造、装配、试验部门的专业人员、供应商及转包商代表、用户代表联合组成[①]。为此,波音公司利用 2 000 多台配置了 CATIA 软件的工作站与 8 台主机联网,以协调分散在世界各地的合作伙伴进行设计和制造。通过网络,建立了 24 h 工作的协同设计队伍,大大加快了产品的研发进度,使遍布 60 个国家的波音 777 零部件供应商得以成功地通过 CATIA 数据库实时存取、

① 宾鸿赞,汤漾平. 先进加工过程技术[M]. 武汉:华中科技大学出版社,2009.

选择自己所需的零部件信息，使相关供应商(如发动机供应商GE、诺伊斯罗斯和惠普)联系起来，实现了数据交换和异地设计制造等。

网络化制造、虚拟制造、并行工程以及虚拟现实技术等先进制造模式和技术的综合运用，使波音777客机研制周期由波音757客机、波音767客机的9～10年缩短为3年8个月；63 m长的波音777客机的装配误差仅为0.58 mm；用数字化样机取代原型机进行各种测试，实现了无纸化设计目标，提升了波音公司的市场竞争力并为其创造了显著的经济效益。

2. 柔性制造

数控加工出现后，制造企业可以通过计算机软件如CAD/CAM、FMC、FMS、CIMS等实现柔性化制造，制造系统能很快地从一种生产模式转换到另一种生产模式，大大地减少了产品的上市时间。FMS只具有软件上的柔性，而硬件设备是没有柔性的，确定刀库中的刀具数量时要考虑尽可能多的加工需求，因此，易导致设备成本增加，软件有冗余。

20世纪80年代末至20世纪90年代中，制造业面临市场变化的不可预测。为了适应这些变化，解决生产效率与制造柔性之间的矛盾，并充分利用已有的资源，产生了可重构制造系统(Reconfigurable Manufacturing System，RMS)与可重构机床(Reconfigurable Machine Tool，RMT)。

可重构制造系统和可重构机床的核心技术是模块化，包括可重构硬件的模块化和可重构软件的模块化，如图1-21所示。

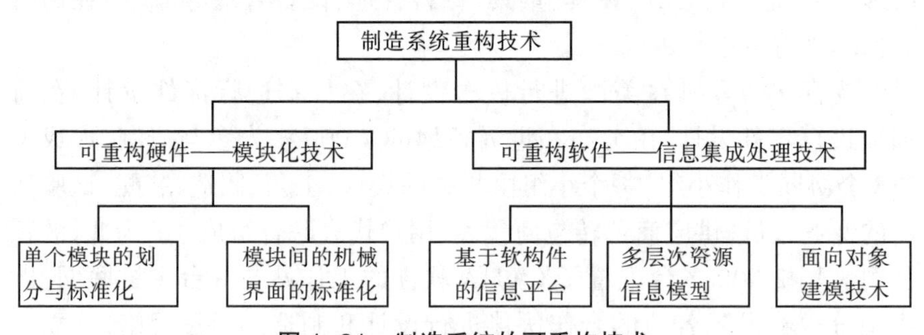

图1-21　制造系统的可重构技术

可重构机床是可重构制造系统中的重要装备，根据可重构的思路，可重构机床的结构及其控制是可以快速改变的。图1-22所示为一种可重构机床的概念设计，当被加工零件的尺寸与特征变化时，机床主轴可重新安装以完成相同的工序(以不同的安装方式)或重新置换另一主轴以完成不同的工序。为实现资源的最优利用,机床主轴可以增加或减少。

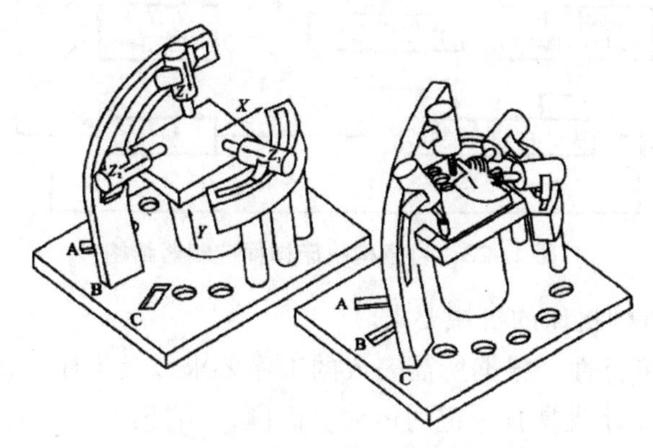

图 1-22 可重构机床的概念设计

可重构机床采用模块化设计,它能实现与环境(如操作者和其他机器)的交互,确定控制模块的选取。可重构机床的模块化设计与普通组合机床的模块化设计有所不同,体现在两个方面:可重构机床中的单个模块可以重新定位、定向而不会改变机器的拓扑特性;可重构机床可改变加工工序,既可车削,也能实现铣削等,而组合机床一般只在同一加工工序范围内变化。

有三种方法可用来设计可重构机床:从加工任务的数学描述开始的可重构机床运动综合的系统方法,可重构机床动态刚度的估计方法,使用模块信息估算机床动态误差的方法。

(1)可重构机床的控制要求。

CNC 系统的控制元件不是模块化的,因此,不能扩展、不能升级,新技术(如先进的几何补偿技术)不能经济有效地被集成。

可重构机床的控制器必须基于开放式原理。在开放式控制中,软件构架是模块式的。因此,硬件元件(如编码器)和软件组件(如轴控制逻辑)容易增减,控制器可经济有效地重构。

为了应对上述挑战,已研发出如图 1-23 所示结构的样件控制器,它由构造用工具、仿真器和通用人机接口构成。构造用工具用来重构软件,以适应可重构机床的结构变化。该工具可为用户提供图形接口,以产生所需的软件。实时仿真工具能对电子机械器件和加工过程的动力学问题和离散事件进行仿真。仿真器与实际机床控制器相连,用户能评估和完善控制器而不必在控制器重构时开动实际机床。

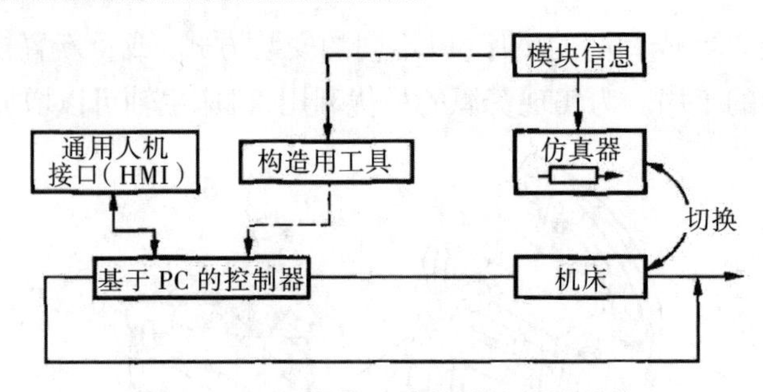

图 1-23　可直构机床样件控制器结构

(2)可重构机床的机械要求。

①运动可行性。根据所需完成的工序要求以及工序变化的要求,可重构机床被设计成具有一定的运动自由度,且能根据工序变化而增减机械模块以适应这些变化。

②结构刚度结构。刚度是机床设计的最重要的准则之一。其中静刚度关系到结构的几何变形误差,动刚度则关系到颤振等现象的发生。

③几何精度。与专用机床设计类似,可重构机床的机械结构的几何误差不会危及零件的质量。

3. 分层制造技术

分层制造(Layered Manufacturing, LM)技术是20世纪末出现的,它是制造技术的突破性创新成果。

分层制造的原理如图1-24所示,它突破了机械制造中传统的受迫成形和去除成形两种加工模式,采用先离散,然后再堆积的概念来制造零件。

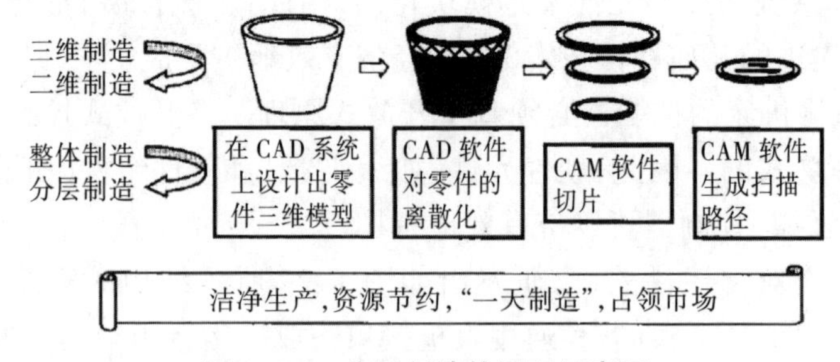

图 1-24　分层制造的原理示意图

第一个商业化的工艺——立体光刻(SLA)是由3D Systems公司在1987年11月美国底特律AUTOFACT上展出的。当时,制作的零件精度不高,且所选的材料也是有限的,所以被称为原型。

近20多年来，分层制造技术得到较快的发展，出现了一些商业化的成熟工艺，包括立体光刻(SLA)、选择性激光烧结(SLS)、熔化沉积造型(FDM)、液滴喷射打印(IJP)、三维印刷(3DP)、分层实体制造(LOM)等。

现在已有超过30多种工艺的分层制造技术，有些还处于试验室研究阶段。零件的精度已大幅提高，材料的选择范围也相当广，已能直接制造金属零件。

虽然分层制造方法有多种，但与传统的加工方法比较，分层制造技术具有以下共同的特点。

①利用分层制造技术可使设计、加工快速进行。与传统的加工方法比较，分层制造技术只需要几小时到数十小时，大型的较复杂的零件只需要上百小时即可完成。分层制造技术与其他制造技术集成后，新产品开发的时间和费用将节约10% ~ 50%。

②产品的单价几乎与产品批量无关，特别适用于新产品的开发和单件小批量生产。

③产品的造价几乎与产品的复杂性无关，这是传统的制造方法所无法比拟的。

④制造过程可实现完全数字化。

⑤分层制造技术与传统的制造技术(如铸造、粉末冶金、冲压、模压成形、喷射成形、焊接等)相结合，为传统的制造方法注入了新的活力。

⑥可实现零件的净形化(少无切削余量)。

⑦无需金属模具即可获得零件，这使得生产装备的柔性大大提高。

⑧符合可持续发展策略。分层制造技术中的剩余材料可继续使用，有些使用过的材料经过处理后可循环使用，对原材料的利用率大为提高。

正是由于这些特点，分层制造能体现所谓“一天制造”的概念，即从产品构思、计算机三维造型到实物样件输出，可在24 h内完成，这当然是在已具备分层制造的软、硬件条件下实现的，有学者称之为先进的数字化制造技术。可以说，分层制造的出现，充分显现了快速响应市场的制造理念。

分层制造技术属集成型创新，它是CAD、CAM及后处理技术的综合，如图1-25所示。

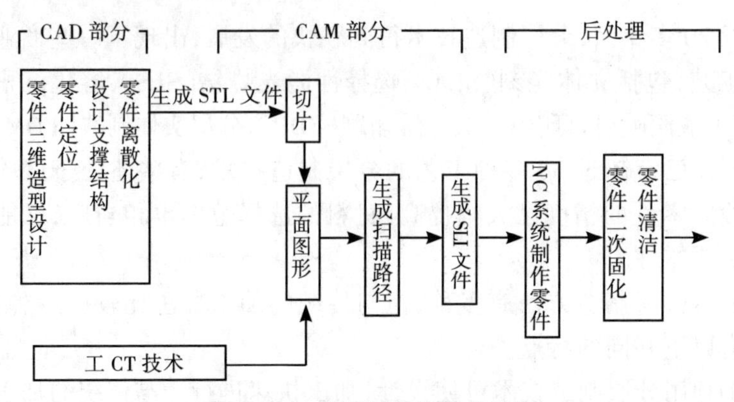

图 1-25　分层制造的技术过程

（1）分层制造的典型工艺。

①立体光刻成形。

立体光刻成形（Stereo-Lithography Apparatus，SLA）技术由 Charles Hull 于 1986 年研制成功，1987 年获美国专利，1987 年由 3D Systems 公司商品化。立体光刻工艺是使用液相光敏树脂为成形材料，采用氦镉（HeCd）激光器、或氯离子（Argon）激光器或固态（Solid）激光器，利用光固化原理一层层扫描液相树脂成形。激光器作为扫描固化成形的能源，其功率一般为 10 ~ 200 mW，波长为 320 ~ 370 nm（处于中紫外至近紫外波段）。由于是在液相下成形，对于制件截面上的悬臂部位，一般还需要设计支撑结构。

实用中的立体光刻装置有两种基本结构形式，如图 1-26 所示。其中图 1-26（a）属于点 - 点型扫描制造结构，图 1-26（b）是层 - 层型光照制造结构。

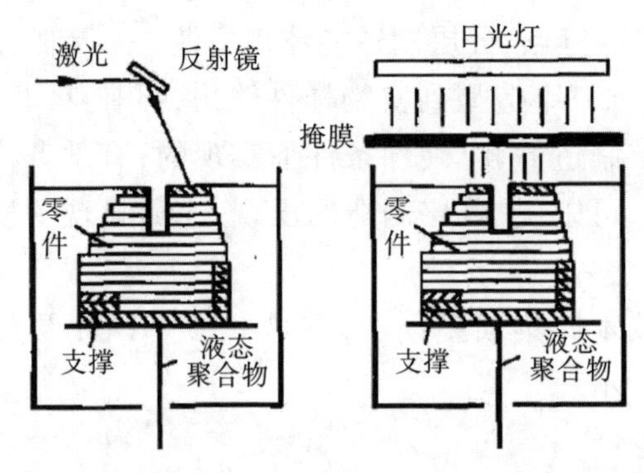

（a）点 - 点型扫描制造结构（b）层 - 层型光照制造结构

图 1-26　立体光刻应用系统

立体光刻装置一般由激光器、偏转扫描器、光敏性液态聚合物、聚合物容器、控制软件及升降平台组成，如图 1–27 所示。激光器大多是紫外光式的，聚合物也是对紫外光感光固化的光敏性聚合物。

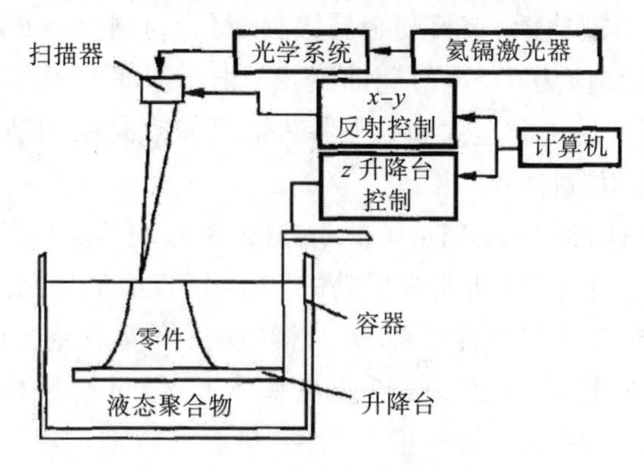

图 1–27 立体光刻装置的构成

②选择性激光烧结。

选择性激光烧结（Selective Laser Sintering，SLS）方法是美国得克萨斯大学奥斯汀分校的 C.R.Deckard 于 1989 年首先研制出来的，同年获美国专利。目前，可用于 SLS 技术的材料主要有四类：金属类、陶瓷类、塑料类、复合材料类。SLS 工艺原理如图 1–28 所示，在造型过程中，未经烧结的粉末对模型的空腔和悬臂部分起着支撑作用，不必像 SLA 工艺那样另行生产工艺支撑结构。

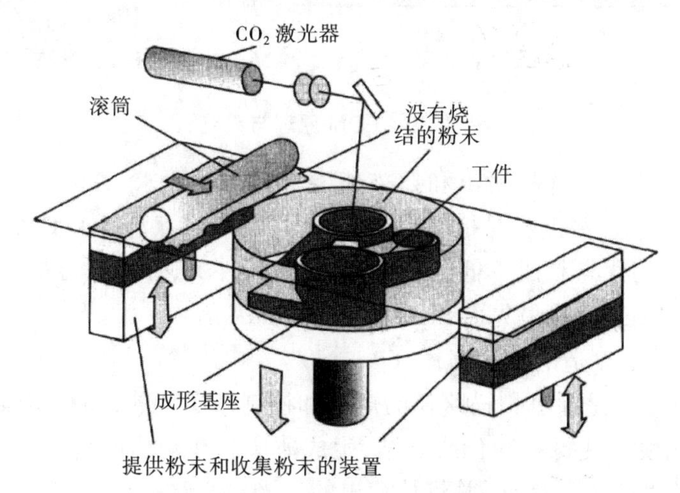

图 1–28 SLS 工艺原理框图

③分层实体制造。

分层实体制造（LOM）方法是美国 Helisys 公司的 Michael Feygin 于 1987 年研制成功的，1988 年获得美国专利。该方法的优点是：材料适应性强，可切割从纸、塑料到金属箔材、复合材料等各种材料；不需要支撑；零件内部应力小，不易翘曲变形；由于只是切割零件轮廓线，因而制造速度快；易于制造大型原型零件。其缺点是层间结合紧密性差。

④熔化沉积造形。

熔化沉积造形（Fused Deposition Modeling，FDM）方法是美国学者 Dr.Scott Crump 于 1988 年研制成功的。FDM 方法的特点是不使用激光，而是用电加热的方法加热材料丝。材料丝在喷嘴中经加热变为黏性流体，这种连续黏性材料流过喷嘴滴在基体上，经过自然冷却，形成固态薄层，如图 1-29 所示。从理论上来说，热熔材料都可以用来作 FDM 的原材料。

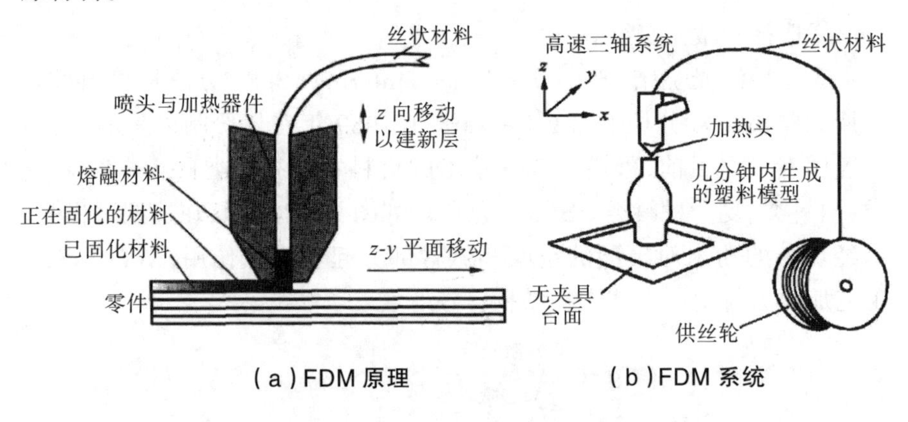

（a）FDM 原理　　（b）FDM 系统

图 1-29　FDM 原理与系统

FDM 方法对材料喷出和扫描速度有较高的要求，并且从喷出到固化的时间很短，温度不易把握。熔融温度以高于熔点温度 1 ℃较为合适。FDM 方法的优点是成本低（由于不需激光器件），速度快，可加工材料范围广泛。FDM 方法最先由 Stratasys 公司商品化。

（2）薄层制造的扫描路径。

薄层制造是通过扫描路径的规划和控制来实现的，如利用激光按一定的填充模式使材料固化或烧结，生成薄层。在制作原型前，需要对每一层切片做好路径规划，并将计算出的激光扫描路径予以存储。在 SLA 和 SLS 工艺中，普遍采用的是长线扫描方式，如图 1-30 所示。这种方式简单,计算方便,数据存储量小,但在薄层成形过程中存在收缩大、易翘曲变形、成形薄层强度低、不同方向组织均匀性差等问题,影响了制作件最后的物理性能。因此,寻求优化的扫描路径是非常重要的,已有多位学者对此进行了研究,提出了多种改进的扫描路径来提高制作件的物理性能。图 1-31 所示即为四种不同的扫描路径。

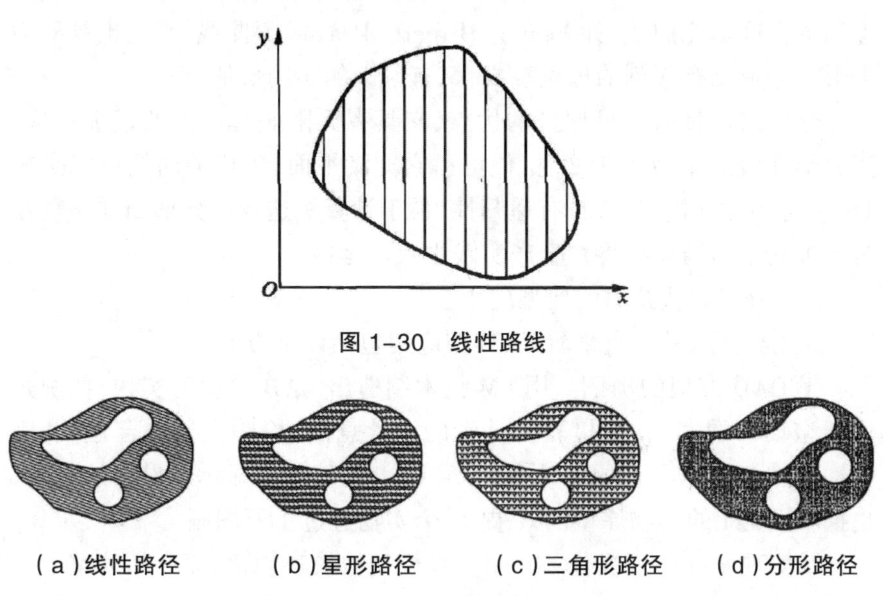

图 1-30 线性路线

(a)线性路径 (b)星形路径 (c)三角形路径 (d)分形路径

图 1-31 扫描路径

从广义上来讲, SLA、SLS 技术中的激光扫描路径规划也属于刀具路径规划思想。美国 3D Systems 公司首先意识到扫描路径影响零件质量的问题,针对一般线扫描技术提出了三种用于改进零件精度和提高生产率的扫描固化方法。

① Tri-Hatch 扫描法。这是一种三角形扫描固化方法,固化层内部的网格是等边三角形。三角形的边长可取不同的值,扫描后,三角形内部树脂仍然处于液态,总固化面积为 50%。这是早期提出的一种扫描方法,其优点是能极大缩短零件的制造时间,特别是对于大尺寸零件。缺点是零件经过固化后会引起较大的扭曲变形,最终生成的零件尺寸精度不高。

②光栅扫描法。由于零件在后固化期间引起的扭曲变形将产生尺寸误差,而这种变形程度取决于固化过程中零件内部液态树脂的占有体积。因此,光栅扫描法的基本思想是尽可能减小零件内部的液态树脂,

基本原理是采用二组互相正交的 x-y 方向扫描固化线。对于任一薄层，首先沿 y 方向扫描固化，再沿 x 方向扫描固化。

③ STAR-WEAVE 扫描法。该方法有三个特点：交错扫描；交换扫描次序；扫描线一端不与边界接触。

一些著名的数学家发现了许多奇妙的、局部与整体相似的、可无穷递归的空间填充曲线，如 Peano、Hilbert、Dragon 等曲线，它们也被称为分形。分形既有深刻的理论意义，又有巨大的实用价值。

分形路径具有无可比拟的优点，它具有无限嵌套层次的精细结构，当分形曲线的维数等于 2 时，便可由它充满平面，生成的曲线可以是非自交、简单且自相似的，具有递归性，易于计算机迭代。分形扫描路径作为一种新型扫描路径将在生产实践中获得运用。

（3）分层制造技术的典型应用。

从 LM 技术的特点来看，其典型应用包括以下方面。

① CAD 模型的确证。用 LM 技术制造出 CAD 模型的实物，特别是用新型设计的实物，来检验设计者的设计意图，检验设计的合理性、完美性，是 LM 技术出现的原动力。不管 CAD 系统如何显示所设计的对象，也抵不上 LM 的实物原型的效果，一个实物胜过千万图画。

②实现设计的可视化。一个物理模型被快速创建，而产品的整个制作过程都是可视化的。虽然虚拟现实技术也可实现这样的功能，但不可能完全替代 LM。

③概念的证明。用 LM 模型来确定在设计过程早期阶段的设计概念是否可行，例如用一个咖啡壶 LM 模型来评估咖啡壶的倒水性能。

④作为市场模型。LM 模型经光滑和渲染处理后，就像最终的产品。而一些 CAD 系统虽然可以生成高质量、多色彩的图像产品，但其只是二维的。目前已出现“一天制造”的概念，即客户提出产品需求到获得产品的原型，可在 24 h 内实现。LM 技术可为赢得产品的市场竞争力起到关键性作用。

（4）分层制造在工业上的运用。

①装配关系分析。LM 模型可以用来检查构件是否处在正确的装配位置，并能清晰地显示其分析过程与结果。

②流体分析。一些产品如轿车的车身、发动机、导弹等需要做空气动力学或其他一些流体动力学测试，用计算流体力学理论虽然可以计算分析一些性能值，但这些软件不可能是非常精确的。而 LM 模型与最终

产品非常接近,可以用于实际尺寸测试或按比例缩小的测试。

③应力分析。LM 模型即便不是采用最终产品相同的材料,也可用于应力分析,使零件设计过程优化。

④制作实物大模型。在某些实物大模型的装配工程运用中,对于改进的产品,在装配时是需要检查和评估其他部件是否合适的。以往检查和评估需要花费很长时间,而利用 LM 技术则可以在短时间里实现。

⑤制作原型零件。越来越多的工程材料可以直接在 LM 机床上加工成为原型零件,如尼龙在 SLS 机上。它们可用于相关领域的实验,也可用于功能测试。目前,许多材料制造商也在进行 LM 材料的研究,这使得 LM 材料更加丰富,发展更为迅速,其材料性能也大为提高。更多的金属功能原型零件将出现,更诱人的前景是直接烧结金属的系统能够占据一定的市场。

⑥用于电火花加工(EDM)。EDM 需要负电极的工具,而利用 LM 技术可以从三个方面满足这一需求。一是用传导材料直接生成 LM 模型;二是非传导材料外敷传导材料;三是 LM 模型被用作形成电极的模具。已研究成功用 LM 模型创建 EDM 电极的商业化技术。

⑦真空成形技术。可以对各种原形制作具有一定弹性的硅橡胶模具,然后在真空注形机中快速浇注出无气泡、组织致密的塑料产品。产品表面可进行喷漆着色处理。真空成形技术是目前世界上使用最普遍的样件复制技术。

⑧消失铸造。LM 模型采用蜡这样的材料,或者用特别的制作方法制作消失模,如 3D Systems 公司的速铸方法即可被用于铸造消失模。在 SLA 成形机上制作光敏树脂模型,除去支撑结构,构成速铸熔模,置于耐火材料及附加物组成的悬浮液中,形成型壳,置于烤炉中加热,固化型壳,烧除速铸熔模,可得到熔模铸造用陶瓷硬型壳。

⑨树脂合金模。树脂合金模是由快速成型的原型(或其他实物模型)转印而成。转印效果非常优良,并且模具成形的硬化收缩率在 0.01% 以下,所以在制造原型时不必考虑射出时的收缩率。其特点还有制作周期短,可代替钢模直接注塑,并可进行 10 000 件以下的批量生产等。

(5)面向 LM 的逆向工程。

逆向工程(Reverse Engineering, RE),也称反求工程或反向工程,有关 RE 的研究和应用大多数针对实物模型几何形状的反求,将 RE 与 LM 相结合。该技术在许多方面都有重要应用。

① RE 与 LM 相结合,可以将三维物体方便可靠地读入、传输,并在异地重新生成,即实现所谓的“三维传真”。

②用 RE 与 LM 相结合的技术实现快速模具制造(Rapid Tooling)。在模具的研制过程中样件的设计和加工是重要的环节之一。将分层制造的样件用于模具制造,一般可使模具制造成本减少和周期缩短各 1/2。

③ RE 与 LM 相结合,组成产品测量、建模、制造、修改、再测量的闭环系统,可以实现快速测量、设计、制造、修改的反复迭代,高效率完成产品设计。

断层成像技术(如 CT、MRI 等技术)与 LM 技术中的切片在原理上是一致的。将医学上的骨骼模型分层图像进行三维重建,实施切片后数据输入 LM 机,通过生物活性材料的逐层沉积,制成人造骨骼,是目前分层制造领域研究的一个热点问题。

1.4 先进制造技术的发展战略与对策

1.4.1 先进制造技术的发展

先进制造技术至今尚无一个明确的权威的定义。经过近年来对发展先进制造技术方面开展的工作,我们认为:先进制造技术是制造业不断吸收机械、电子、信息、材料、能源及现代管理等方面的成果,并将其综合应用于制造的全过程,实现优质、高效、低耗、清洁、灵活生产,取得理想技术经济效果的制造技术的总称。

这种认识反映了先进制造技术的以下四个特征。

①先进制造技术的形成和发展与现代科学技术进步密不可分,特别是高新技术的发展并向制造技术的渗透,全面促进了先进制造技术的形成与发展。

②先进制造技术是综合应用于制造全过程的一门技术,与传统制造技术相比,传统制造技术一般仅指加工制造的工艺方法,而先进制造技术则覆盖了从产品设计、生产准备、加工制造、企业综合管理直到产品销售、维修服务、甚至回收再生的全过程。

③先进制造技术的目标是在制造全过程中实现优质、高效、低耗、清洁、灵活的生产。

④先进制造技术的最终目的是在当今千变万化的市场发展中，取得理想的技术经济效果，提高企业的竞争力。

在制造技术近二百年的发展进程中，经历了从作坊机器生产向批量生产、低成本大批量生产、高质量生产、柔性生产直到目前面向市场生产的变化过程，并进一步向面向顾客生产的方向变化。为适应这种生产方式的转变，促进制造技术的不断发展，而逐步形成了先进制造技术。在新兴产业及市场需求的牵引下，在电子信息技术、新材料技术、系统工程及管理技术等高新技术的推动下，形成了一个多层次的先进制造技术群，这就是：

①由传统制造技术经优化而形成的优质、高效、低耗、少无污染的基础制造技术群。

②基础制造技术与各种高新技术相结合而形成的先进制造单元技术群。如制造业自动化单元、极限加工技术、质量与可靠性技术、系统管理技术等。

③应用信息技术、计算机技术和系统管理技术对上述两个层次技术群进行局部或系统集成所形成的先进制造系统集成技术，如FMF、CIMS、IMS等。

未来先进制造技术的总趋势是向系统化、集成化、智能化方向发展。

1.4.2 我国先进制造技术的发展战略

我国政府及有关领导对先进制造技术的发展给予了高度的关注。有关部门及地方对先进制造技术给予了确切的重视。机械工业部明确提出了以发展先进制造技术为重点，为此在规划发展重点及关键技术中先进制造技术的发展占有相当大的比例。目前机械工业部正在通过各种渠道落实、安排这些项目，机械工业科技发展基金会近年来把支持先进制造技术发展作为主要任务并对经费投入给予了支持[①]。

国家自然科学基金会已将不少经费投入先进制造技术发展的基础性研究之中。为更好发展先进制造技术，国家自然科学基金会正在组织

① 海锦涛．先进制造技术[M]．北京：机械工业出版社，1996.

开展“先进制造技术基础优先领域战略研究”，在此基础上，拟提出先进制造技术重大项目，以加大对发展先进制造技术的支持，加强发展先进制造技术的后劲。

近年来，我国对先进制造技术的发展给予了充分重视，可以预计，先进制造技术将会以更快的速度得到发展，并对国民经济起着越来越重要的作用。

1.4.3 发展先进制造技术的对策

在当前对先进制造技术的发展已经引起广泛重视的情况下，如何针对国民经济发展的需求，有效地组织力量，促进先进制造技术的迅速发展，我们认为应该采取以下相应的对策。

（1）明确发展先进制造技术的最终目的。

发展先进制造技术的最终目的是提高企业自主开发和技术创新能力，增强企业的竞争力。先进制造技术的每个阶段的发展，都引起社会制造业的巨大变化。其核心就在于采用了先进制造技术就可以提高劳动生产率、降低原材料消耗、提高产品质量，其最终表现在以下两个方面：对一个企业来说，提高了企业对市场的反应能力，提高了企业的竞争力；从整体来说，采用先进制造技术可以改变国际、国内市场竞争的格局，使我国制造产品最大限度地参与国际市场竞争。

（2）采用自主开发与引进技术兼顾的方针。

先进制造技术的来源可分为引进技术与自主开发两个方面，结合目前我国国情，在强调自主开发的同时，通过引进技术是发展先进制造技术的一条捷径，并可以使得高起点发展，同时以此入门加强引进技术的消化吸收和创新工作，最终形成自己特有的技术。改革开放的十多年来，实践表明，一个企业或一个行业，这两者处理得好，就兴旺发达，这两者处理得不好，就步履艰难，发展速度受到影响。

（3）组织协调、全面推进。

在目前有关部门、地方共同提高对发展先进制造技术的认识的基础上，建议成立全国性协调小组或是成立先进制造技术发展协会，有助于全面协调发展先进制造技术的方方面面。

（4）多渠道筹集资金，加大投资力度。

先进制造技术的研究、开发、推广应用直至产业化需要有相应的资金匹配。建议在研究开发阶段,中央和地方有关部门、有关发展基金组织共同联手,以加大投资力度。目前国家科委在对先进制造技术进行投入时,充分注意发挥省市科委的积极性,不少项目采用部省共管、共同出资支持的办法,加大了投资力度,这种方法已经取得初步的经验。有关基金组织的联合资助重大项目也取得了良好的效果。

在企业应用先进制造技术以及促进技术产业化时,则应注意加大企业投资力度,毕竟一项实用性强的先进制造技术其最终结果是企业受益。

(5)注重组织实施若干综合性研究和应用工程项目。

美国密西根大学吴贤铭教授提出的“2 mm 工程”针对美国汽车制造中存在的关键问题,组织有关单位联合攻关,设置了 11 个研究项目,取得了较好的效果,我国应考虑选择一些机械制造中存在的共性、关键技术,集中力量、加大投资力度进行综合项目实施,如轿车设计工程、火电设备可靠性工程、数控技术产业化工程、电动汽车科技产业工程等。

(6)建立先进制造技术研究开发、推广应用体系。

本着研究开发与推广应用并重的原则,建立先进制造技术研究开发、推广应用体系,结合当前正在进行的经济、科技体制深化改革,作为稳住一头的措施,计划建立先进制造研究中心,国家给予重点支持;建立一批先进制造技术的工程研究中心、工程技术研究中心和企业的技术开发中心;建设好制造业行业的生产力中心,通过典型企业示范,使其成为先进制造技术推广应用中枢;同时利用地方研究所、开发中心和有关专业学会、协会的力量逐步形成推广网络。这样综合形成一个全国范围的先进制造技术研究开发、推广应用体系。

(7)高度重视和加强制造技术人才培养。

人才无疑是发展先进制造技术中最重要的问题,尤其是目前面临人才断层的情况更应加强人才队伍的建设。人才队伍应包括掌握先进制造技术专家型的世纪人才、高级技术工人队伍,尤为重要的还有全局组织人才。

第2章　自动化控制方法与技术

任何机械制造设备自动化的实质都是无需由人在其终端执行元件上来直接或间接操作的自动控制。为了实现机械制造设备的自动化，就需要对这些被控制的对象进行自动控制。

自动控制与机械控制技术、流体控制技术、自动调节技术、电子技术和电子计算机技术等密切相关，它是实现机械制造自动化的关键。它的完善程度是机械制造自动化水平的重要标志。

2.1　自动化控制的概念

自动控制系统包括实现自动控制功能的装置及其控制对象，通常由指令存储装置、指令控制装置、执行机构、传递及转换装置等部分构成。

自动控制系统应能保证各执行机构的使用性能、加工质量、生产率及工作可靠性。为此，对自动控制系统提出如下基本要求。

（1）应保证各执行机构的动作或整个加工过程能够自动进行。

（2）为便于调试和维护，各单机应具有相对独立的自动控制装置，同时应便于和总控制系统相匹配。

（3）柔性加工设备的自动控制系统要和加工品种的变化相适应。

（4）自动控制系统应力求简单可靠。在元器件质量不稳定的情况下，对所用元器件一定要进行严格的筛选，特别是电气及液压元器件。

（5）能够适应工作环境的变化，具有一定的抗干扰能力。

（6）应设置反映各执行机构工作状态的信号及报警装置。

（7）安装调试、维护修理方便。

（8）控制装置及管线的布置要安全合理、整齐美观。

（9）自动控制方式要与工厂的技术水平、管理水平、经济效益及工厂近期的生产发展趋势相适应。

对于一个具体的控制系统,第一项要求必须得到保证,其他要求则根据具体情况而定。

2.2 机械传动控制

2.2.1 机械传动控制的特点

机械传动控制方式传递的动力和信号一般都是机械连接的,所以在高速时可以实现准确的传递与信号处理,并且还可以重复两个动作。在采用机械传动控制方式的自动化装备中,几乎所有运动部件及机构都是由装有许多凸轮的分配轴来驱动和控制的①。凸轮控制是一种最原始、最基本的机械式程序控制装置,也是一种出现最早而至今仍在使用的自动控制方式。例如,经常见到的单轴和多轴自动车床,几乎全部采用这种机械传动控制方式。这种控制方式属于开环控制,即开环集中控制。在这种控制系统中,程序指令的存储和控制均利用机械式元件来实现,如凸轮、挡块、连杆和拨叉等。这种控制系统的另外一个特点是控制元件同时又是驱动元件。

2.2.2 典型实例分析

图 2-1 所示是 C1318 型单轴转塔自动车床的机械集中控制系统的原理简图。此机床的工作过程是:上一个工件切断后,夹紧机构松开棒料——棒料自动送进——夹紧棒料——回转刀架转位——刀架溜板快进、工进、快退——换刀——再进给(在回转刀架换刀和切削的同时,横向刀架也可以进行)……如此反复循环进行工件的加工。机床除工件的旋转外,其余动作均由分配轴集中驱动与控制。分配轴是整台机床的控制中心,分配轴上装有主轴正反转定时轮、横向进给凸轮、送夹料定时轮、换刀定时轮和锥齿轮等。机床的所有动作都是按照分配轴的指令

① 周骥平,林岗.机械制造自动化技术[M].4版.北京:机械工业出版社,2019.

执行的。分配轴转动一圈,机床完成一个零件的加工。

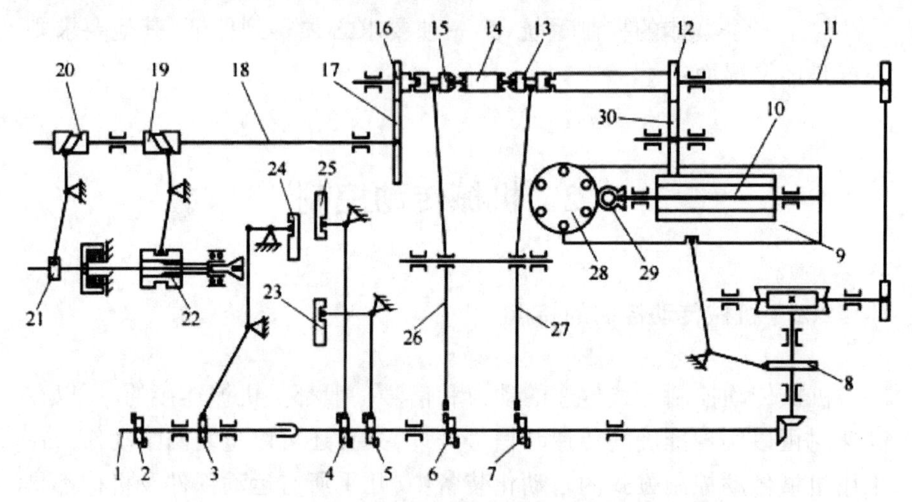

图 2-1　C1318 型单轴转塔自动车床控制原理简图

1—分配轴；2—主轴正反转定时轮；3、4、5—径向进给凸轮；
6—送夹料定时轮；7—换刀定时轮；8—纵向进给凸轮；9—刀架滑板；
10—长齿轮；11—辅助轴；12、16—空套齿轮；13、15—定转离合器；
14—固定离合器；17、30—齿轮；18—凸轮轴；19—松、夹料凸轮；
20—送料凸轮；21—送料机构；22—夹紧机构；23—前刀架；24—立刀架；
25—后刀架；26、27—杠杆；28—回转刀架；29—马氏机构

2.3　液压与气动传动控制

机械制造过程中广泛采用液压和气动对整个工作循环进行控制。采用高质量的液压或气动控制系统,就成为保证自动化制造装置可靠运行的关键。例如,在液压和气动控制系统中,为了提高工作可靠性,减少故障,要重视系统的合理设计,选择最佳运动压力和高质量的元器件,甚至是最基本的液压管接头也要引起足够的重视。总之,液压和气动控制系统是保证制造过程自动化正常运动和可靠工作的关键组成部分,必须给予足够的重视。

2.3.1 液压传动控制

液压传动是利用液体工作介质的压力势能实现能量的传递及控制的。作为动力传递,因压力较高,所以使用小的执行机构就可以输出较大的力,并且使用压力控制阀可以很容易地改变它的输出(力)。从控制的角度来看,即使动作时负载发生变化,也可按一定的速度动作,并且在动作的行程内还可以调节速度。因此,液压控制具有功率重量比大、响应速度快等优点。它可以根据机械装备的要求,对位置、速度、力等任意被控制量按一定的精度进行控制,并且在有外扰的情况下,也能稳定而准确地工作。

液压控制有机械－液压组合控制和电气－液压组合控制两种方式。机械－液压组合控制如图 2–2 所示,凸轮 1 推动活塞 2 移动,活塞 2 又迫使油管 3 中的油液流动,从而推动活塞 4 和执行机构 6 移动,返回时靠弹簧 5 的弹力使整个系统回到原位。执行机构 6 的运动规律由凸轮 1 控制,凸轮 1 既是指令存储装置,同时又是驱动元件。

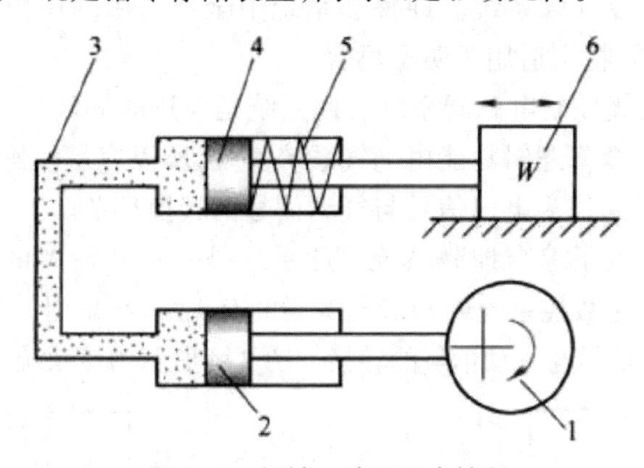

图 2–2 机械－液压组合控制

1—凸轮; 2、4—活塞; 3—油管; 5—弹簧; 6—执行机构

电气－液压组合控制如图 2–3 所示,指令单元根据系统的动作要求发出工作信号(一般为电压信号),控制放大器将输入的电压信号转换成电流信号,电液控制阀将输入的电信号转换成液压量输出(压力及流量),执行元件实现系统所要求的动作,检测单元用于系统的测量和反馈等。

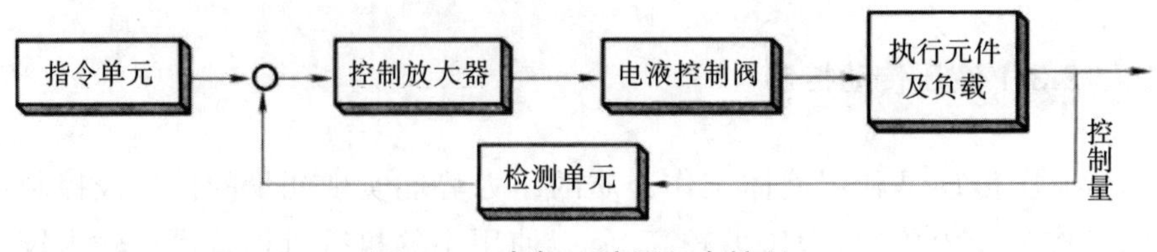

图 2–3　电气 – 液压组合控制

2.3.2 气动传动控制

气动传动控制（简称气动控制）技术是以压缩空气为工作介质进行能量和信号传递的工程技术，是实现各种生产和自动控制的重要手段之一。

气动控制系统的形式往往取决于自动化装置的具体情况和要求，但气源和调压部分基本上是相同的，主要由气压发生装置、气动执行元件、气动控制元件以及辅助元件等部分组成。气动控制主要有以下四种形式。

（1）全气控气阀系统。即整套系统中全部采用气压控制。该系统一般比较简单，特别适用于防爆场合。

（2）电 – 气控制电磁阀系统。此系统是应用时间较长、使用最普遍的形式。由于全部逻辑功能由电气系统实现，所以容易使操作和维修人员接受。电磁阀作为电气信号与气动信号的转换环节。

（3）气 – 电子综合控制系统。此系统是一种开始大量应用的新型气动系统。它是数控系统或 PLC 与气阀的有机结合，采用气 / 电或电 / 气接口完成电子信号与气动信号的转换。图 2–4 所示为该系统的基本构成。

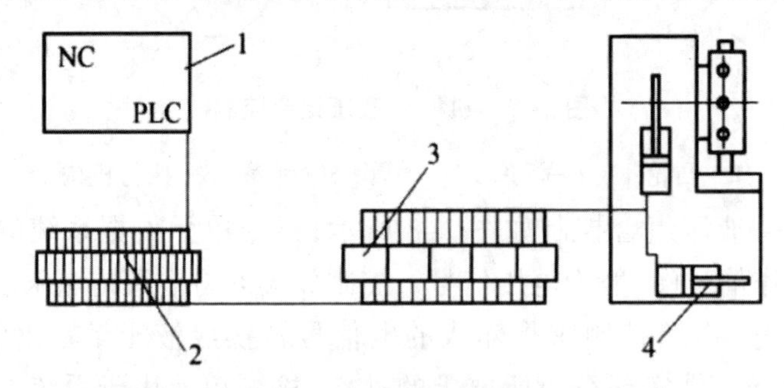

图 2–4　气 – 电子综合控制系统的构成

1—数控系统或 PLC；2—接口；3—气阀；4—气动执行元件

（4）气动逻辑控制系统。此系统是一种新型的控制形式。它以由各类气动逻辑元件组成的逻辑控制器为核心，通过逻辑运算得出逻辑控制信号输出。气动逻辑控制系统具有逻辑功能严密、制造成本低、寿命长、对气源净化和气压波动要求不高等优点。一般为全气控制系统，更适用于防爆场合。

各种形式的气动控制及其适用范围见表 2–1。

表 2–1　气动控制形式的选择

控制形式	全气控气阀控制	气动逻辑控制	气 – 电子综合控制	电 – 气控制电磁阀
使用压力 /MPa	0.2~0.8	0.01~0.8	0~0.8	直动式 0~0.8 先导式 0.2~0.8
元件响应速度	较慢	较快	快	较慢
信号传输速度	较慢	较慢	最快	快
输出功率	大	较大	较小	大
流体通道尺寸	大	较大	较小	大
耐环境影响能力	防爆、耐灰尘、较耐振和潮湿		注意防爆	注意防爆、防漏电
抗干扰能力	不受辐射、磁场的影响		受磁、电场干扰	受磁、电场和辐射的干扰
配管或配线	较麻烦		容易	容易
寿命	10^6~10^8 次		最长	10^3~10^7 次，电气触点易烧坏
对过滤的要求	膜片、截止阀要求一般，间隙密封的滑柱式阀对气源过滤要求高		要求一般	要求一般，间隙密封滑柱阀要求高
维修、调整	直观、易调整		容易、需懂电子	需懂电子，注意电气故障
价格	低		高	较高
其他	停电后工作一段时间，滑柱式阀有永久记忆能力		有记忆能力，宜与电控系统连接	断电时单控阀返回原位，电气元件易得到

续表

控制形式	全气控气阀控制	气动逻辑控制	气－电子综合控制	电－气控制电磁阀
适用场合	动作较简单及大流量	动作较复杂及小流量,大流量时要放大	动作复杂,运算速度快,特别适用于电子控制的设备	电器控制有基础或远距离控制的场合,易与电子控制系统连接

2.4 电气传动控制

电气传动控制(简称电气控制)是为整个生产设备和工艺过程服务的,它决定了生产设备的实用性、先进性和自动化程度的高低。它通过执行预定的控制程序,使生产设备实现规定的动作和目标,以达到正确和安全地自动工作的目的。

电控系统除正确、可靠地控制机床动作外,还应保证电控系统本身处于正确的状态,一旦出现错误,电控系统应具有自诊断和保护功能,自动或提示操作者作相应的操作处理。

2.4.1 电气控制的特点和主要内容

按照规定的循环程序进行顺序动作是生产设备自动化的工作特点,电气控制系统的任务就是按照生产设备的生产工艺要求来安排工作循环程序、控制执行元件、驱动各动力部件进行自动化加工。因此,电气控制系统应满足如下基本要求:①最大限度地满足生产设备和工艺对电气控制线路的要求;②保证控制线路的工作安全和可靠;③在满足生产工艺要求的前提下,控制线路力求经济、简单;④应具有必要的保护环节,以确保设备的安全运行。电气控制系统的主要构成有主电路、控制电路、控制程序和相关配件等部分。

2.4.2 常用的电气控制系统

从控制的方式来看,电气控制系统可以分为程序控制和数字控制两大类。常见的电气控制系统主要有以下四种。

2.4.2.1 固定接线控制系统

各种电器元件和电子器件采用导线和印制电路板连接，实现规定的某种逻辑关系并完成逻辑判断和控制的电控装置，称为固定接线控制系统。在这种系统中，任何逻辑关系和程序的修改都要用重新接线或对印制电路板重新布线的方法解决，因而修改程序较为困难，主要用于小型、简单的控制系统。这类系统按所用元器件分为以下两种类型。

（1）继电器－接触器控制系统。此系统是由各种中间继电器、接触器、时间继电器和计数器等组成的控制装置。由于其价格低廉并易于掌握，因此在具有十几个继电器以下的系统中仍普遍采用。

此外，在已被广泛使用的PLC和各种计算机控制系统中，由继电器、接触器组成的控制电路也是不可缺少的。一个可靠的电控系统必须保证当PLC和计算机失灵时仍能保护机床设备和人身的安全。因此，在总停、故障处理和防护系统中，仍然采用继电器－接触器电路。

（2）固体电子电路系统。它是指由各类电子芯片或半导体逻辑元件组成的电控装置。由于此系统无接触触点和机械动作部件，故其寿命和可靠性均高于继电器－接触器系统，而价格同样低廉，所以在小型的程序无需改变的系统中仍有应用，或者在系统的部件控制环节上有所应用。

2.4.2.2 可编程序控制系统

可编程序控制器（PLC）是以微处理器为核心，利用计算机技术组成的通用电控装置，一般具有开关量和模拟量输入/输出、逻辑运算、四则算术运算、计时、计数、比较和通信等功能。因为它是通用装置，而且是在具有完善质量保证体系的工厂中批量生产的，因而具有可靠性高、功能配置灵活、调试周期短和性能价格比高等优点。PLC与计算机和固体电子电路控制系统的最大区别还在于PLC备有编程器，通过编程器可以利用人们熟悉的传统方法（如梯形图）编制程序，简单易学。另外，通过编程器可以在现场很方便地更改程序，从而大大缩短了调试时间。因此，在组合机床和自动线上大都已采用PLC系统。

2.4.2.3 带有数控功能的PLC

将数控模块插入PLC母线底板或以电缆外接于PLC总线，与PLC

的 CPU 进行通信,这些数字模块自备微处理器,并在模块的内存中存储工件程序,可以在 PLC 系统中独立工作,自动完成程序指定的操作。这种数控模块一般可以控制 1~3 根轴,有的还具有 2 轴或 3 轴的插补功能。

2.4.2.4 分布式数控系统(DNC)

对于复杂的数控组合机床自动线,分布式数控系统是最合适的系统。分布式数控系统是将单轴数控系统(有时也有少量的 2 轴、3 轴数控系统)作为控制基层设备级的基本单元,与主控系统和中央控制系统进行总线连接或点对点连接,以通信的方式进行分时控制的一种系统。

2.5 计算机控制技术

计算机在机械制造中的应用已成为机械制造自动化发展中的一个主要方向,而且其在生产设备的控制自动化方面起着越来越重要的作用。

2.5.1 数控机床控制系统

自从 1952 年世界上第一台三坐标数控机床问世以来,数控机床的发展至今已有了 50 余年历史,在此期间,数控机床技术得到了巨大的发展。从数控系统来看,由以电子管为基础的硬件数控技术发展到目前以微处理器和高性能伺服驱动单元为基础的控制系统,其控制系统如图 2-5 所示。从图中可以看出,数控机床的控制系统是由机床控制程序、计算机数控装置、可编程控制器 PLC、主轴控制系统及进给伺服控制系统组成的[①]。数控系统中,CNC 装置根据输入的零件加工程序,通过插补运算计算出理想的运动轨迹,然后输出到进给伺服控制系统,加工出所需要的零件。

CNC 装置对机床的控制既有对刀具交换、冷却液开停、工作台极限位置等一类开关量的控制,又包含用于机床进给传动的伺服控制、主轴调速控制等数字控制。进给伺服控制实现对工作台或刀架的进给量、进给速度以及各轴间运动协调的控制,是 CNC 和机床机械传动部件间的

① 卢泽生 . 制造系统自动化技术 [M]. 哈尔滨:哈尔滨工业大学出版社, 2010.

联系环节，一般有开环控制、闭环控制和半闭环控制等几种控制方式。图2-6为闭环控制形式的进给伺服控制系统示意图。该系统直接在移动工作台上安装直线位移检测装置，如光栅、磁尺、感应同步器等，检测出来的反馈信号与输入指令比较，用比较的差值进行控制。它能够平滑地调节运动速度，精确地进行位置控制。

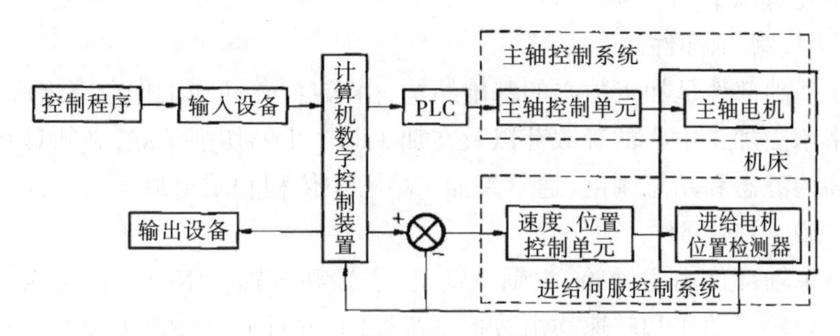

图2-5 数控机床控制系统的组成

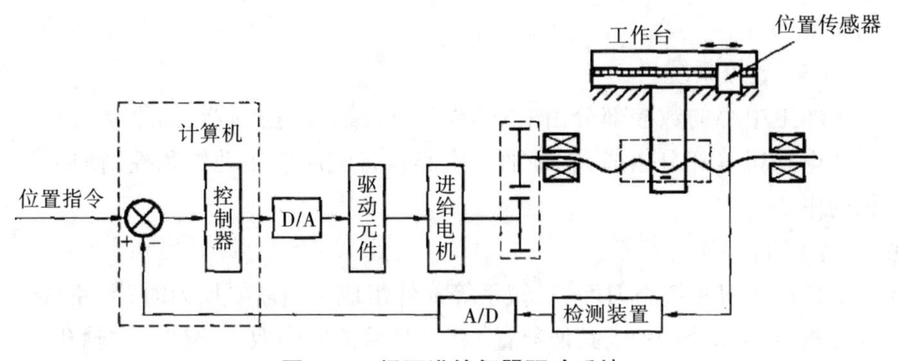

图2-6 闭环进给伺服驱动系统

2.5.2 加工中心的控制

2.5.2.1 加工中心的概念和特点

加工中心（MC）是一种结构复杂的数控机床，它能自动地进行多种加工，如铣削、钻孔、镗孔、锪平面、铰孔和攻螺纹等。工件在一次装夹中，能完成除工件基面以外的其余各面的加工。它的刀库中可装几种到上百种刀具，以供选择，并由自动换刀装置实现自动换刀。可以说，加工中心的实质就是能够自动进行换刀的数控机床。加工中心目前多数都采用微型计算机进行控制。加工中心与普通数控机床的主要区别在于它能在一台机床上完成多台机床上才能完成的工作。

2.5.2.2 加工中心的组成

加工中心问世以来,世界各国出现了各种类型的加工中心,它的组成主要有以下几部分。

(1)基础部件。

基础部件是加工中心的基础结构,由床身、立柱和工作台等组成,它用来承受加工中心的静载荷以及在加工时产生的切削负载,必须具有足够高的静态和动态刚度,通常是加工中心中体积和质量最大的部件。

(2)主轴部件。

主轴部件由主轴箱、主轴电动机、主轴和主轴轴承等零件组成。主轴的启停等动作和转速均由数控系统控制,并且通过装在主轴上的刀具进行切削。主轴部件是切削加工的功率输出部件,是影响加工中心性能的关键部件。

(3)数控系统。

加工中心的数控部分由 CNC 装置、可编程序控制器、伺服驱动装置以及电动机等部分组成,它是加工中心执行顺序控制动作和控制加工过程的中心。

(4)自动换刀系统。

自动换刀系统由刀库、机械手等部件组成。当需要换刀时,数控系统发出指令,由机械手(或其他装置)将刀具从刀库中取出并装入主轴孔。

(5)辅助装置。

辅助装置包括润滑、冷却、排屑、防护、液压、气动和检测系统等部分。这些装置虽然不直接参与切削运动,但对于加工中心的加工效率、加工精度和可靠性起着保障作用,也是加工中心中不可缺少的部分。

(6)自动托盘交换系统。

有的加工中心为进一步缩短非切削时间,配有两个自动交换工件的托盘,一个安装工件在工作台上加工,另一个则位于工作台外进行工件装卸。当一个工件完成加工后,两个托盘位置自动交换,进行下一个工件的加工,这样可以减少辅助时间,提高加工效率。

2.5.2.3 加工中心的分类

加工中心根据其结构和功能，主要有以下两种分类方式。

（1）按工艺用途分。

①铣镗加工中心。它是在镗、铣床基础上发展起来的、机械加工行业应用最多的一类加工设备。其加工范围主要是铣削、钻削和镗削，适用于箱体、壳体以及各类复杂零件特殊曲线和曲面轮廓的多工序加工，适用于多品种小批量加工。

②车削加工中心。它是在车床的基础上发展起来的，以车削为主，主体是数控车床，机床上配备有转塔式刀库或由换刀机械手和链式刀库组成的刀库。其数控系统多为 2 ~ 3 轴伺服控制，即 X、Z、C 轴，部分高性能车削中心配备有铣削动力头。

③钻削加工中心。钻削加工中心的加工以钻削为主，刀库形式以转塔头为多，适用于中小零件的钻孔、扩孔、铰孔、攻螺纹等多工序加工。

（2）按主轴特征分。

①卧式加工中心。卧式加工中心是指主轴轴线水平设置的加工中心。它一般具有 3 ~ 5 个运动坐标，常见的是三个直线运动坐标加一个回转运动坐标（回转工作台），它能够在工件一次装夹后完成除安装面和顶面以外的其余四个面的镗、铣、钻、攻螺纹等加工，最适合加工箱体类工件。

与立式加工中心相比，卧式加工中心结构复杂、占地面积大、质量大、价格高。

②立式加工中心。立式加工中心主轴的轴线为垂直设置，其结构多为固定立柱式。工作台为十字滑台，适合加工盘类零件。一般具有三个直线运动坐标，并可在工作台上安置一个水平轴的数控转台来加工螺旋线类零件。立式加工中心的结构简单、占地面积小价格低。立式加工中心配备各种附件后，可满足大部分工件的加工。

③立卧两用加工中心。某些加工中心具有立式和卧式加工中心的功能，工件一次装夹后能完成除安装面外所有侧面和顶面等五个面的加工，也称五面加工中心、万能加工中心或复合加工中心。

常见的五面加工中心有两种形式：一种是主轴可以旋转 90°，既可以像立式加工中心那样工作，也可以像卧式加工中心那样工作；另一种是主轴不改方向,而工作台可以带着工件旋转 90°,完成对工件五个表面的加工。

2.5.3 计算机群控

计算机群控系统由一台计算机和一组数控机床组成,以满足各台机床共享数据的需要。它和计算机数控系统的区别是用一台较大型的计算机来代替专用的小型计算机,并按分时方式控制多台机床[①]。图 2-7 所示为一个计算机群控系统,它包括一台中心计算机、给各台数控机床传送零件加工程序的缓冲存储器以及数控机床等部分。

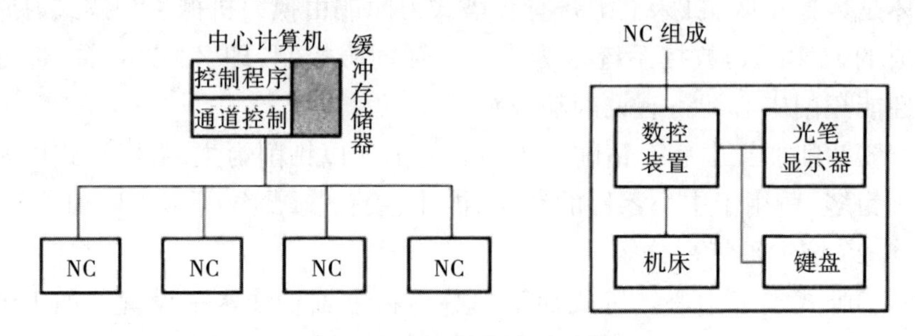

图 2-7 计算机群控系统

中心计算机要完成三项有关群控功能:①从缓冲存储器中取出数控指令;②将信息按照机床进行分类,然后去控制计算机和机床之间的双向信息流,使机床一旦需要数控指令便能立即予以满足,否则,在工件被加工表面上会留下明显的停刀痕迹,这种控制信息流的功能称为通道控制;③中心计算机还处理机床反馈信息,供管理信息系统使用[②]。

2.5.3.1 间接式群控系统

间接式群控系统又称纸带输入机旁路式系统,它是用数字通信传输线路将数控系统和群控计算机直接连接起来,并将纸带输入机取代掉(旁路)。图 2-8 所示为间接式群控系统示意图,图中只绘出了一台机床。

① 李文斌,王宗彦,闫献国,等.现代制造系统[M].武汉:华中科技大学出版社,2016.

② 卢庆熊,姚永璞.机械加工自动化[M].北京:机械工业出版社,1990.

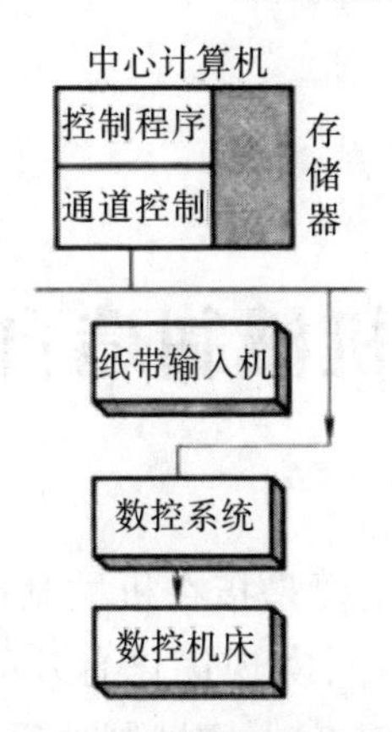

图 2-8　间接式群控系统

可以看出，这种系统只是取代了普通数控系统中纸带输入机这部分功能，数控装置硬件线路的功能仍然没有被计算机软件所取代，所有分析、逻辑和插补功能，还是由数控装置硬件线路来完成的。

2.5.3.2 直接式群控系统

直接式群控（DNC）系统比间接式群控系统向前发展了一步，由计算机代替硬件数控装置的部分或全部功能。根据控制方式，又可分为单机控制式、串联式和柔性式三种基本类型。

在直接式群控系统中，几台乃至几十台数控机床或其他数控设备，接收从远程中心计算机（或计算机系统）的磁盘或磁带上检索出来的遥控指令，这些指令通过传输线以联机、实时、分时的方式送到机床控制器（MCU），实现对机床的控制。

直接群控系统的优点有：①加工系统可以扩大；②零件编程容易；③所有必需的数据信息可存储在外存储器内，可根据需要随时调用；④容易收集与生产量、生产时间、生产进度、成本和刀具使用寿命等有关的数据；⑤对操作人员技术水平的要求不高；⑥生产效率高，可按计划进行工作。

这种系统投资较大，在经济效益方面应加以考虑。另外，中心计算机一旦发生故障，会使直接群控系统全部停机，这会造成重大损失。

第 3 章　机械制造自动化技术

机械制造系统自动化主要是指在机械制造业中应用自动化技术，实现加工对象的连续自动生产，实现优化有效的自动生产过程，加快生产投入物的加工变换和流动速度。机械制造系统自动化是当代先进制造技术的重要组成部分，是当前制造工程领域中涉及面比较广、研究比较活跃的技术，已成为制造业获取市场竞争优势的主要手段之一。

3.1　加工装备自动化

数控机床是一种高科技的机电一体化产品，是由数控装置、伺服驱动装置、机床主体和其他辅助装置构成的可编程的通用加工设备，它被广泛应用在加工制造业的各个领域。加工中心是更高级形式的数控机床，它除了具有一般数控机床的特点外，还具有自身的特点。

3.1.1 数控机床

3.1.1.1 数控机床的概念与组成

数字控制，简称数控（Numberical Control，NC）。数控技术是近代发展起来的一种用数字量及字符发出指令并实现自动控制的技术。采用数控技术的控制系统称为数控系统。装备了数控系统的机床就成为数字控制机床。

数字控制机床，简称数控机床（Numberical Control Machine Tools），它是综合应用了计算机技术、微电子技术、自动控制技术、传感器技术、伺服驱动技术、机械设计与制造技术等多方面的新成果而发展起来的，采用数字化信息对机床运动及其加工过程进行自动控制的自动化机床。

数控机床改变了用行程挡块和行程开关控制运动部件位移量的程序控制机床的控制方式，不但以数字指令形式对机床进行程序控制和辅助功能控制，并对机床相关切削部件的位移量进行坐标控制。

与普通机床相比，数控机床不但具有适应性强、效率高、加工质量稳定和精度高的优点，而且易实现多坐标联动，能加工出普通机床难以加工的曲线和曲面。数控加工是实现多品种、中小批量生产自动化的最有效方式。

数控机床主要是由信息载体、数控装置、伺服系统、测量反馈系统和机床本体等组成，其组成框图如图3-1所示。

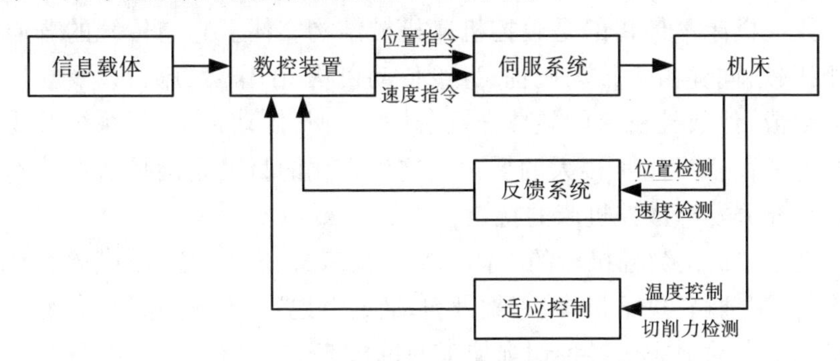

图3-1　数控机床的组成

（1）信息载体。

信息载体又称控制介质，它是通过记载各种加工零件的全部信息（如每件加工的工艺过程、工艺参数和位移数据等）控制机床的运动，实现零件的机械加工。常用的信息载体有纸带、磁带和磁盘等。信息载体上记载的加工信息要经输入装置输送给数控装置。

（2）数控装置。

数控装置是数控机床的核心，它由输入装置、控制器、运算器、输出装置等组成。其功能是接受输入装置输入的加工信息，经处理与计算，发出相应的脉冲信号送给伺服系统，通过伺服系统使机床按预定的轨迹运动。它包括微型计算机电路、各种接口电路、CRT显示器、键盘等硬件以及相应的软件。

（3）伺服系统。

伺服系统的作用是把来自数控装置的脉冲信号转换为机床移动部件的运动，使机床工作台精确定位或按预定的轨迹做严格的相对运动，最后加工出合格的零件。

伺服系统包括主轴驱动单元、进给驱动单元、主轴电动机和进给电动机等。一般来说，数控机床的伺服系统，要求有好的快速响应性能，以及能灵敏而准确地跟踪指令功能。现在常用的是直流伺服系统和交流伺服系统，而交流伺服系统正在取代直流伺服系统。

（4）测量反馈系统。

测量元件将数控机床各坐标轴的位移指令值检测出来并经反馈系统输入到机床的数控装置中，数控装置对反馈回来的实际位移值与设定值进行比较，并向伺服系统输出达到设定值所需的位移量指令。

（5）机床本体。

数控机床本体指的是数控机床机械结构实体。它与传统的普通机床相比较，同样由主传动机构、进给传动机构、工作台、床身以及立柱等部分组成，但数控机床的整体布局、外观造型、传动机构、刀系统及操作机构等方面都发生了很大的变化。这种变化的目的是满足数控技术的要求和充分发挥数控机床的特点。

机床主机是数控机床的主体。它包括床身、底座、立柱、横梁、滑座、工作台、主轴箱、进给机构、刀架及自动换刀装置等机械部件。它是在数控机床上自动地完成各种切削加工的机械部分。

3.1.1.2 数控机床的分类

按照工艺用途分，数控机床可以分为以下三类。

（1）一般数控机床。

这类机床和普通机床一样，有数控车床、数控铣床、数控钻床、数控镗床、数控磨床等，每一类都有很多品种。例如，在数控磨床中，有数控平面磨床、数控外圆磨床、数控工具磨床等。这类机床的工艺可靠性与普通机床相似，不同的是它能加工形状复杂的零件。这类机床的控制轴数一般不超过三个。

（2）多坐标数控机床。

有些形状复杂的零件用三坐标的数控机床还是无法加工，如螺旋桨、飞机曲面零件的加工等，此时需要三个以上坐标的合成运动才能加工出需要的形状，为此出现了多坐标数控机床。多坐标数控机床的特点是数控装置控制轴的坐标数较多，机床结构也比较复杂，现在常用的是46坐标的数控机床。

(3)加工中心机床。

数控加工中心是在一般数控机床的基础上发展起来的,装备有可容纳几把到几百把刀具的刀库和自动换刀装置。一般加工中心还装有可移动的工作台,用来自动装卸工件。工件经一次装夹后,加工中心便能自动地完成诸如铣削、钻削、攻螺纹、镗削、铰孔等工序。

3.1.1.3 数控机床的加工过程

数控加工工艺是随着数控机床的产生、发展而逐步建立起来的一种应用技术,是通过大量数控加工实践的经验总结,是数控机床加工零件过程中所使用的各种技术、方法的总和。

数控加工工艺设计是对工件进行数控加工的前期工艺准备工作。无论手工编程还是自动编程,在编程前都要对所加工的工件进行工艺分析、拟定工艺路线、设计加工工序等工作。因此,合理的工艺设计方案是编制数控加工程序的依据。编程人员必须首先做好工艺设计工作,然后再考虑编程。

数控机床加工的整个过程是由数控加工程序控制的,因此其整个加工过程是自动的。加工的工艺过程、走刀路线、切削用量等工艺参数应正确地编写在加工程序中[①]。

因此,数控加工就是根据零件图及工艺要求等原始条件编制零件数控加工程序,输入机床数控系统,控制数控机床中刀具与工件的相对运动及各种所需的操作动作,从而完成零件的加工。

3.1.1.4 数控加工工艺的特点

由于数控机床本身自动化程度较高,设备费用较高,设备功能较强,使数控加工相应形成了以下几个特点。

(1)数控加工的工艺要求精确严密。

数控加工不像普通机床加工时可以根据加工过程中出现的问题由操作者自由地进行调整。所以在数控加工的工艺设计中必须注意加工过程中的每一个细节,做到万无一失。尤其是在对图形进行数学处理、计算和编程时,一定要准确无误。

---

① 陈根琴,宋志良,何平,等.机械制造技术[M].北京:北京理工大学出版社,2007.

（2）数控加工工序相对集中。

一般来说，在普通机床上加工是根据机床的种类进行单工序加工。而在数控机床上加工往往是在工件的一次装夹中完成工件的钻、扩、铰、铣、镗、攻螺纹等多工序的加工，有些情况下，在一台加工中心上甚至可以完成工件的全部加工内容。

（3）数控加工工艺的特殊要求。

由于数控机床的功率较大，刚度较高，数控刀具性能好，因此在相同情况下，加工所用的切削用量较普通机床大，提高了加工效率。另外，数控加工工序相对集中，工艺复合化，使得数控加工的工序内容要求高，复杂程度高。数控加工过程是自动化进行，故还应特别注意避免刀具与夹具、工件的碰撞及干涉。

3.1.2 加工中心

加工中心通常是指镗铣加工中心，主要用于加工箱体及壳体类零件，工艺范围广。加工中心具有刀具库及自动换刀机构、回转工作台、交换工作台等，有的加工中心还具有交换式主轴头或卧—立式主轴。加工中心目前已成为一类广泛应用的自动化加工设备，它们可作为单机使用，也可作为 FMC FMS 中的单元加工设备。加工中心有立式和卧式两种基本形式，前者适合于平面形零件的单面加工，后者特别适合于大型箱体零件的多面加工。

3.1.2.1 加工中心的概念与特点

加工中心是一种备有刀库并能按预定程序自动更换刀具，对工件进行多工序加工的高效数控机床。加工中心与普通数控机床的主要区别在于它能在一台机床上完成多台机床上才能完成的工作。

加工中心与普通数控机床相比有以下几个主要特点。

（1）加工中心上装备有自动换刀装置。在一次装夹中，通过自动更换刀具，可以自动完成镗削、铣削、钻削、铰孔、攻螺纹等工序；甚至能从毛坯直接加工到成品，大幅节省辅助工时和在制品周转时间。

（2）加工中心刀库系统集中管理和使用刀具，有可能用最少量的刀具，完成多工序的加工，并提高刀具的利用率。

（3）加工中心加工零件的连续切削时间比普通机床高得多，所以设备的利用率高。

（4）加工中心上装备有托盘机构，使切削加工与工件装卸同时进行，提高生产效率。

3.1.2.2 加工中心的组成

加工中心问世以来，世界各国出现了各种类型的加工中心，它的组成主要有以下几部分。

（1）基础部件。

基础部件是加工中心的基础结构，由床身、立柱和工作台等组成，它用来承受加工中心的静载荷以及在加工时产生的切削负载，必须具有足够高的静态和动态刚度，通常是加工中心中体积和质量最大的部件。

（2）主轴部件。

主轴部件由主轴箱、主轴电动机、主轴和主轴轴承等零件组成。主轴的启停等动作和转速均由数控系统控制，并且通过装在主轴上的刀具进行切削。

主轴部件是切削加工的功率输出部件，是影响加工中心性能的关键部件。

（3）数控系统。

加工中心的数控部分由CNC装置、可编程序控制器、伺服驱动装置以及电动机等部分组成，它是加工中心执行顺序控制动作和控制加工过程的中心。

（4）自动换刀系统。

自动换刀系统由刀库、机械手等部件组成。当需要换刀时，数控系统发出指令，由机械手（或其他装置）将刀具从刀库中取出并装入主轴孔。

加工中心作为柔性制造单元，能连续自动加工复杂零件，加工能力强、工艺范围广。刀库的容量大，存储的刀具多，使机床的结构复杂。若刀库容量小，存储的刀具少，就不能满足工艺上的要求。刀库中刀具数量的多少又直接影响加工程序的编制。编制大容量刀库的加工程序的工作量大、程序复杂。所以刀库容量的配置有一个最佳的数量。

（5）辅助装置。

辅助装置包括润滑、冷却、排屑、防护、液压、气动和检测系统等部分。这些装置虽然不直接参与切削运动，但对于加工中心的加工效率、加工精度和可靠性起着保障作用，也是加工中心中不可缺少的部分。

（6）自动托盘交换系统。

有的加工中心为进一步缩短非切削时间，配有两个自动交换工件的托盘，一个安装工件在工作台上加工，另一个则位于工作台外进行工件装卸。当一个工件完成加工后，两个托盘位置自动交换，进行下一个工件的加工，这样可以减少辅助时间，提高加工效率。

3.1.2.3 加工中心的分类

加工中心根据其结构和功能，主要有以下两种分类方式。

（1）按工艺用途分。

①铣镗加工中心。

它是在镗、铣床基础上发展起来的、机械加工行业应用最多的一类加工设备。其加工范围主要是铣削、钻削和镗削，适用于箱体、壳体以及各类复杂零件特殊曲线和曲面轮廓的多工序加工，适用于多品种小批量加工。

②车削加工中心。

它是在车床的基础上发展起来的，以车削为主，主体是数控车床，机床上配备有转塔式刀库或由换刀机械手和链式刀库组成的刀库。其数控系统多为2~3轴伺服控制，即X、Z、C轴，部分高性能车削中心配备有铣削动力头。

③钻削加工中心。

钻削加工中心的加工以钻削为主，刀库形式以转塔头为多，适用于中小零件的钻孔、扩孔、铰孔、攻螺纹等多工序加工。

（2）按主轴特征分。

①卧式加工中心。

卧式加工中心是指主轴轴线水平设置的加工中心。它一般具有3~5个运动坐标，常见的是三个直线运动坐标加一个回转运动坐标（回转工作台），它能够在工件一次装夹后完成除安装面和顶面以外的其余四个面的镗、铣、钻、攻螺纹等加工，最适合加工箱体类工件。

与立式加工中心相比，卧式加工中心结构复杂、占地面积大、质量大、价格高。

②立式加工中心。

立式加工中心主轴的轴线为垂直设置,其结构多为固定立柱式。工作台为十字滑台,适合加工盘类零件。一般具有三个直线运动坐标,并可在工作台上安置一个水平轴的数控转台来加工螺旋线类零件。

立式加工中心的结构简单、占地面积小价格低。立式加工中心配备各种附件后,可满足大部分工件的加工。

③立卧两用加工中心。

某些加工中心具有立式和卧式加工中心的功能,工件一次装夹后能完成除安装面外所有侧面和顶面等五个面的加工,也称五面加工中心、万能加工中心或复合加工中心。

从外形结构上,可以看出加工中心比普通数控机床复杂得多,而其功能也强大得多。加工中心属于高技术、价格昂贵的复杂设备。但是任何设备都不可能是万能的,加工中心也一样,只有在一定条件下它才能发挥最佳效益。不同类型的加工中心有不同的规格与适用范围,设备造价也有很大的差别。所以选用加工中心要考虑很多影响因素。

3.2　物料供输自动化

在机械制造中,材料的搬运、机床上下料和整机的装配等是薄弱环节,这些工作的费用占全部加工费用的三分之一以上,所费的时间占全部加工时间的三分之二以上,而且多数事故发生在这些操作中。如果实现物流自动化,既可提高物流效率,又能使工人从繁重而重复单调的工作中解放出来。

机械制造中的物料操作和运储系统主要完成工件、刀具、托盘、夹具等的存取、上下、输送、转位、寄存、识别等功能的管理和控制,以及切削液和切屑的处置等。

3.2.1 刚性自动化物料储运系统

3.2.1.1 概述

刚性自动化的物料储运系统由自动供料装置、装卸站、工件传送系统和机床工件交换装置等部分组成。按原材料或毛坯形式的不同,自动供料装置一般可分为卷料供料装置、棒料供料装置和件料供料装置三大类。前两类自动供料装置多属于冲压机床和专用自动机床的专用部件。件料自动供料装置一般可以分为料仓式供料装置和料斗式供料装置两种形式。装卸站是不同自动化生产线之间的桥梁和接口,用于实现自动化生产线上物料的输入和输出功能。工件传送系统用于实现自动线内部不同工位之间或不同工位与装卸站之间工件的传输与交换功能,其基本形式有链式输送系统、辊式输送系统、带式输送系统。机床工件交换装置主要指各种上下料机械手及机床自动供料装置,其作用是将输料道来的工件通过上料机械手安装于加工设备上,加工完毕后,通过下料机械手取下,放置在输料槽上输送到下一个工位[①]。

3.2.1.2 自动供料装置

自动供料装置一般由储料器、输料槽、定向定位装置和上料器组成。储料器储存一定数量的工件,根据加工设备的需求自动输出工件,经输料槽和定向定位装置传送到指定位置,再由上料器将工件送入机床加工位置。储料器一般设计成料仓式或料斗式。料仓式储料器需人工将工件按一定方向摆放在仓内;料斗式储料器只需将工件倒入料斗,由料斗自动完成定向。料仓或料斗一般储存小型工件,较大的工件可采用机械手或机器人来完成供料过程。

(1)料仓。

料仓的作用是储存工件。根据工件的形状特征、储存量的大小以及与上料机构的配合方式的不同,料仓具有不同的结构形式。由于工件的重量和形状尺寸变化较大,料仓结构设计没有固定模式,一般把料仓分成自重式和外力作用式两种结构。

(2)拱形消除机构。

拱形消除机构一般采用仓壁振动器。仓壁振动器使仓壁产生局部、高频微振动,破坏工件间的摩擦力和工件与仓壁间的摩擦力,从而保证工件连续地由料仓中排出。振动器振动频率一般为1 000~3 000次/分。当料仓中物料搭拱处的仓壁振幅达到0.3 mm时,即可达到破拱效果。

① 刘治华,李志农,刘本学.机械制造自动化技术[M].郑州:郑州大学出版社,2009.

在料仓中安装搅拌器也可消除拱形堵塞。

（3）料斗装置和自动定向方法。

料斗上料装置带有定向机构，工件在料斗中自动完成定向。但并不是所有工件在送出料斗之前都能完成定向。没有定向的工件在料斗出口处被分离，返回料斗重新定向，或由二次定向机构再次定向。因此料斗的供料率会发生变化，为了保证正常生产，应使料斗的平均供料率大于机床的生产率。

（4）输料槽。

根据工件的输送方式（靠自重或强制输送）和工件的形状，输料槽有许多形式，见表3-1。

表3-1　输料槽主要类型

<table>
<tr><th colspan="2">名称</th><th>特点</th><th>使用范围</th></tr>
<tr><td rowspan="3">自流式输料槽</td><td>料道式输料槽</td><td>输料槽安装倾角大于摩擦角，工件靠自重输送自流</td><td>轴类、盘类、环类工件</td></tr>
<tr><td>轨道式输料槽</td><td>输料槽安装倾角大于摩擦角，工件靠自重输送</td><td>带肩杆状工件</td></tr>
<tr><td>蛇形输料槽</td><td>工件靠自重输送，输料槽落差大时可起缓冲作用</td><td>轴类、盘类、球类工件</td></tr>
<tr><td rowspan="2">半流式输料槽</td><td>抖动式输料槽</td><td>输料槽安装倾角小于摩擦角，工件靠输料槽作横向抖动输送</td><td>轴类、盘类、板类工件</td></tr>
<tr><td>双棍式输料槽</td><td>棍子倾角小于摩擦角，棍子转动，工件滑动输送</td><td>板类、带肩杆状、锥形滚柱等工件</td></tr>
<tr><td rowspan="2">强制运动式输料槽</td><td>螺旋管式输料槽</td><td>利用管壁螺旋槽送料</td><td>球形工件</td></tr>
<tr><td>摩擦轮式输料槽</td><td>利用纤维质棍子转动推动工件移动</td><td>轴类、盘类、环类工件</td></tr>
</table>

一般靠工件自重输送的自流式输料槽结构简单，但可靠性较差；半自流式或强制运动式输料槽可靠性高。

3.2.2 自动线输送系统

在生产过程中，工件及原材料等搬运费用和搬运时间占有相当大的比例，搬运过程中工人的劳动量消耗大，且容易出现生产事故。自动化生产线和自动加工机床上利用自动输料装置，按生产节拍将被加工工件从一个工位自动传送到下一个工位,从一台设备输送给下一台设备,由此把自动线的各台设备联结成为一个整体。

自动化的物料输送系统是物流系统的重要组成部分。在制造系统中,自动线的输送系统起着人与工位、工位与工位、加工与存储、加工与装配之间的衔接作用,同时具备物料的暂存和缓冲功能。运用自动线的输送系统,可以加快物料流动速度,使各工序之间的衔接更加紧密,从而提高生产效率。

3.2.2.1 重力输送系统

重力输送有滚动输送和滑动输送两种,重力输送装置一般需要配有工件提升机构。

(1)滚动输送。

利用提升机构或机械手将工件提到一定高度,让其在倾斜的输料槽中依靠其自重滚动而实现自动输送的方法多用于传送中小型回转体工件,如盘、环、齿轮坯、销及短轴等。

利用滚动式输料槽时要注意工件形状特性的影响,工件长度 L 与直径 D 之比与输料槽宽度的关系是一个重要因素。由于工件与料槽之间存在间隙,故可能因摩擦阻力的变化或工件存在一定锥度误差而滚偏一个角度,当工件对角线长度接近或小于槽宽时,工件可能被卡住或完全失去定向作用;工件与料槽间隙也不能太小,否则由于料槽结构不良和制造误差会使局部尺寸小于工件长度,也会产生卡料现象。允许的间隙与工件的长径比和工件与料槽壁面的摩擦系数有关,随着工件长径比增加,允许的最大间隙值减小。一般当工件长径比大于3.5~4时,以自重滚送的可靠性就很差。

输料槽侧板愈高,输送中产生的阻力愈大。但侧板也不能过低,否则若工件在较长的输料槽中以较大的加速度滚到终点,碰撞前面的工件时,可能跳出槽外或产生歪斜而卡住后面的工件。一般推荐侧板高度为0.5~1倍工件直径。当用整条长板做侧壁时,应开出长窗口,以便观察工件的运送情况。

输料槽的倾斜角过小,容易出现工件停滞现象。反之,倾斜角过大时工件滚送的末速度很大,易产生冲击、歪斜及跳出槽外等不良后果,同时要求输料前提升高度增大,浪费能源。倾斜角度的大小取决于料槽支承板的质量和工件表面质量，在5° ~ 15°选取，当料槽和工件表面光滑时取小值。

对于外形较复杂的长轴类工件（如曲轴、凸轮轴、阶梯轴等）、外圆柱面上有齿纹的工件（齿轮、花键轴等）及外表面已精加工过的工件，为了提高滚动输料的平稳性及避免工件相互接触碰撞而造成歪斜、咬住及碰伤表面等不良现象，应增设缓冲隔料块将工件逐个隔开。当前面一个工件压在扇形缓冲块的小端时，扇形大端向上翘起而挡住后一个工件。①

（2）滑动输送。

利用提升机构或机械手将工件提到一定高度，让其在倾斜的输料槽中依靠其自重滑动而实现自动输送的方法多用于在工序间或上下料装置内部输送工件，并兼做料仓贮存已定向排列好的工件。滑道多用于输送回转体工件，也可以输送非回转体工件。按滑槽的结构型式可分为V型滑道、管型滑道、轨型滑道和箱型滑道等四种。

滑动式料槽的摩擦阻力比滚动式料槽大，因此要求倾斜角较大，通常大于25°。为了避免工件末速度过大产生冲击，可把滑道末段做得平缓些或采用缓冲减速器。

滑动式料槽的截面可以有多种不同形状，其滑动摩擦阻力各不相同。工件在V形滑槽中滑动，要比在平底槽滑动受到更大的摩擦阻力。V形槽两壁之间夹角通常在90° ~ 120°选取，重而大的工件取较大值，轻而小的工件取较小值。此夹角比较小时滑动摩擦阻力增大，对提高工件定向精度和输送稳定性有利。

双轨滑动式输料槽可以看成是V形输料槽的一种特殊形式。用双轨滑道输送带肩部的杆状工件时，为了使工件在输料过程中肩部不互相叠压而卡住，应尽可能增大工件在双轨支承点之间的距离S。如采取增大双轨间距B的方法容易使工件挤在内壁上而难于滑动，所以应采取加厚导轨板h、把导轨板削成内斜面和设置剔除器、加压板等方法。

3.2.2.2 带式输送系统

带式输送系统是一种利用连续运动且具有挠性的输送带来输送物料的输送系统。

① 全燕鸣．机械制造自动化[M]．广州：华南理工大学出版社，2008．

（1）输送带。

根据输送的物料不同，输送带的材料可采用橡胶带、塑料带、绳芯带、钢网带等，而橡胶带按用途又可分为强力型、普通型、轻型、井巷型、耐热型5种。输送带两端可使用机械接头、冷黏接头和硫化接头连接。

（2）滚筒及驱动装置。

滚筒分传动滚筒和改向滚筒两大类。传动滚筒与驱动装置相连，外表面可以是金属表面，也可包上橡胶层来增加摩擦因数。改向滚筒用来改变输送带的运动方向和增加输送带在传动滚筒上的包角。驱动装置主要由电动机联轴器、减速器和传动滚筒等组成。输送带通常在有负载下启动，应选择启动力矩大的电动机。

减速器一般采用涡轮减速器、行星摆线针轮减速器或圆柱齿轮减速器，将电动机、减速器、传动滚筒做成一体的称为电动滚筒。电动滚筒是一种专为输送带提供动力的部件。

电动滚筒主要用作固定式和移动式带式输送机的驱动装置，因电动机和减速机构内置于滚筒内，与传统的电动机、联轴器、减速机置于滚筒外的开式驱动装置相比，具有结构紧凑、运转平稳、噪音低、安装方便等优点，适合在粉尘及潮湿泥泞等各种环境下工作。

3.2.2.3 链式输送系统

链式输送系统主要由链条、链轮、电机和减速器等组成，长距离输送的链式输送带也有张紧装置，还有链条支撑导轨。链式输送带除可以输送物料外，也有较大的储料能力。

输送链条比一般传动链条长而重，其链节为传动链节的2~3倍，以减少铰链数量，减轻链条重量。输送链条有套筒滚柱链、弯片链、叉形链、焊接链、可拆链、履带链、齿形链等多种结构形式，其中套筒滚柱链和履带链应用较多。

链轮的基本参数已经标准化，可按国标设计。链轮齿数对输送性能有较大影响，齿数太少会增加链轮运行中的冲击振动和噪声，加快链轮磨损；链轮齿数过多则会导致机构庞大。套筒滚柱链式输送系统一般在链条上配置托架或料斗、运载小车等附件，用于装载物料。

3.2.2.4 辊子输送系统

辊子输送系统是利用辊子的转动来输送工件的输送系统,其结构比较简单。为保证工件在辊子上移动时的稳定性,输送的工件或托盘的底部必须有沿输送方向的连续支撑面。一般工件在支撑面方向至少应该跨过三个辊子的长度。辊子输送机在连续生产流水线中大量采用,它不仅可以连接生产工艺过程,而且可以直接参与生产工艺过程,因而在物流系统中,尤其在各种加工、装配、包装、储运、分配等流水生产线中得到广泛应用。

辊子输送机按其输送方式分为无动力式、动力式、积放式三类。无动力输送的辊子输送系统依靠工件的自重或人力推动使工件送进。动力辊子输送系统由驱动装置通过齿轮、链轮或带传动使辊子转动,可以严格控制物品的运行状态,按规定的速度、精度平稳可靠地输送物品,便于实现输送过程的自动控制。积放式辊子输送机除具有一般动力式辊子输送机的输送性能外,还允许在驱动装置照常运行的情况下物品在输送机上停止和积存,而运行阻力无明显增加。

辊子是辊子输送机直接承载和输送物品的基本部件,多由钢管制成,也可采用塑料制造。辊子按其形状分为圆柱形、圆锥形和轮形。

辊子输送机具有以下特点:结构简单,工作可靠,维护方便;布置灵活,容易分段与连接(可根据需要,由直线、圆弧、水平、倾斜等区段以及分支、合流等辅助装置,组成开式、闭式、平面、立体等各种形式的输送线路);输送方式和功能多样(可对物品进行运送和积存,可在输送过程中升降、移动、翻转物品,可结合辅助装置实现物品在辊子输送机之间或辊子输送机与其他输送设备之间的转运);便于和工艺设备衔接配套;物品输送平稳、停靠精确[①]。

3.2.3 柔性物流系统

柔性物流系统是由数控加工设备、物料运储装置和计算机控制系统等组成的自动化制造系统。它包括多个柔性制造单元,能根据制造任务或生产环境的变化迅速进行调整,适用于多品种、中小批量生产。

---

① 郭铁桥.物料输送系统[M].北京:中国电力出版社,2013.

3.2.3.1 托盘系统

工件在机床间传送时,除了工件本身外,还有随行夹具和托盘等。在装卸工位,工人从托盘上卸去已加工的工件,装上待加工的工件,由液压或电动推拉机构将托盘推回到回转工作台上。

回转工作台由单独电动机拖动,按顺时针方向做间歇回转运动,不断地将装有待加工工件的托盘送到加工中心工作台左端,由液压或电动推拉机构将其与加工中心工作台上托盘进行交换。装有已加工工件的托盘由回转工作台带回装卸工位,如此反复不断地进行工件的传送。

如果在加工中心工作台的两端各设置一个托盘系统,则一端的托盘系统用于接收前一台机床已加工工件的托盘,为本台机床上料,另一端的托盘系统用于为本台机床下料,并传送到下一台机床去。由多台机床可形成用托盘系统组成的较大生产系统。

对于结构形状比较复杂而缺少可靠运输基面的工件或质地较软的非铁金属工件,常将工件先定位、夹紧在随行夹具上,和随行夹具一起传送、定位和夹紧在机床上进行加工。工件加工完毕后与随行夹具一起被卸下机床,带到卸料工位,将加工完的工件从随行夹具上卸下,随行夹具返回到原始位置,以供循环使用。

3.2.3.2 自动导向小车

自动导向小车(Automated Guide Vehicle,AGV)是一种由蓄电池驱动,装有非接触导向装置,在计算机的控制下自动完成运输任务的物料运载工具。AGV是柔性物流系统中物料运输工具的发展趋势。

常见的AGV的运行轨迹是通过电磁感应制导的。由AGV、小车控制装置和电池充电站组成AGV物料输送系统。

AGV由埋在地面下的电缆传来的感应信号对小车的运行轨迹进行制导,功率电源和控制信号则通过有线电缆传到小车。由计算机控制,小车可以准确停在任一个装载台或卸载台,进行物料的装卸。充电站是用来为小车上的蓄电池充电用的。

小车控制装置通过电缆与上一级计算机联网,它们之间传递的信息有以下几类:行走指令;装载和卸载指令;连锁信息;动作完毕回答信号;报警信息;等等。

AGV一般由随行工作台交换、升降、行走、控制、电源和轨迹制导等六部分组成。

(1)随行工作台交换部分小车的上部有回转工作台,工作台的上面为滑台叉架,由计算机控制的进给电动机驱动,将夹持工件的随行工作台从小车送到机床上随行工作台交换器,或从机床随行工作台交换器拉回小车滑台叉架,实现随行工作台的交换。

(2)升降部分通过升降液压缸和齿轮齿条式水平保持机构实现滑台叉架的升降,对准机床上随行工作台交换器导轨。

(3)行走部分。

(4)控制部分。由计算机控制的直流调速电动机和传动齿轮箱驱动车轮,实现AGV的包括控制柜操作面板信息接收发送等部分组成,通过电缆与AGV的控制装置进行联系,控制AGV的启停、输送或接收随行工作台的操作。

(5)电源部分采用蓄电池作为电源,一次充电后可用8 h。

(6)AGV轨迹制导通常采用电磁感应,在AGV行走路线的地面下深10 ~ 20 mm,宽3 ~ 10 mm的槽内敷设一条专用的制导电缆,通上低周波交变电,在其四周产生交变磁场。在小车前方装有两个感应接收天线,在行走过程中类似动物触角一样,接收制导电缆产生的交变磁场。

AGV也可采用光学制导,在地面上用有色油漆或色带绘成路线图,装在AGV上的光源发出的光束照射地面,自地面反射回的光线作为路线识别信号,由AGV上的光敏器件接收,控制AGV沿绘制的路线行驶。这种制导方式改变路线非常容易,但只适用于非常洁净的场合,如实验室等。

3.3 加工刀具自动化

3.3.1 自动化刀具

刀具自动化,就是加工设备在切削过程中自动完成选刀、换刀、对刀、走刀等工作过程。

自动化刀具的切削性能必须稳定可靠,具有高的耐用度和可靠性;

刀具结构应保证其能快速或自动更换和调整,并配有工作状态在线检测与报警装置;应尽可能地采用标准化、系列化和通用化的刀具,以便于刀具的自动化管理。

自动化刀具通常分为标准刀具和专用刀具两大类。为了提高加工的适应性并兼顾设备刀库的容量,应尽量减少使用专用刀具,选用通用标准刀具、标准组合刀具或模块式刀具。

自动化加工设备必须配备标准辅具,建立标准的工具系统,使刀具的刀柄与接杆标准化、系列化和通用化,才能实现快速自动换刀。

自动化加工设备的辅具主要有镗铣类数控机床用工具系统(简称TSG系统)和车床类数控机床用工具系统(简称BTS系统)两大类,它们主要由刀具的柄部、接杆和夹头几部分组成。工具系统中规定了刀具与装夹工具的结构、尺寸系列及其联接形式。

3.3.2 自动化刀库和刀具交换与运送装置

3.3.2.1 刀库

20世纪60年代末开始出现贮有各种类型刀具并具有自动换刀功能的刀库,使工件一次装夹就能自动顺序完成各个工序加工的数控机床(加工中心)。

刀库是自动换刀系统中最主要的装置之一,其功能是贮存各种加工工序所需的刀具,并按程序指令快速而准确地将刀库中的空刀位和待用刀具送到预定位置,以便接受主轴换下的刀具和便于刀具交换装置进行换刀。它的容量、布局以及具体结构对数控机床的总体布局和性能有很大影响。

3.3.2.2 刀具交换与运送

能够自动地更换加工中所用刀具的装置称为自动换刀装置(Automatic Tool Changer,ATC)。常用的自动换刀装置有以下几种形式。

(1)回转刀架。

回转刀架常用于数控车床,可安装在转塔头上用于夹持各种不同用途的刀具,通过转塔头的旋转分度来实现机床的自动换刀动作。

（2）主轴与刀库合为一体的自动换刀装置。

由于刀库与主轴合为一体，机床结构较为简单，且由于省去刀具在刀库与主轴间的交换等一系列复杂的操作过程，从而缩短了换刀时间，提高了换刀的可靠性。

主轴与刀库分离的自动换刀装置。这种换刀装置由刀库、刀具交换装置及主轴组成，其独立的刀库可以存放几十至几百把刀具，能够适应复杂零件的多工序加工。由于只有一根主轴，因此全部刀具都应具有统一的标准刀柄。当需要某一刀具进行切削加工时，自动将其从刀库交换到主轴上，切削完毕后自动将用过的刀具从主轴取下放回刀库。刀库的安装位置可根据实际情况较为灵活地设置。

当刀库容量相当大，必须远离机床布置时，就要用到自动化小车、输送带等物料传输设备来实现刀具的自动输送。

3.3.3 刀具的自动识别

自动换刀装置对刀具的识别通常采用刀具编码法或软件记忆法。

3.3.3.1 刀具编码环及其识别

编码环是一种早期使用的刀具识别方法。在刀柄或刀座上装有若干个厚度相等、不同直径的编码环，如用大环表示二进制的“1”，小环表示“0”，则这些环的不同组合就可表示不同刀具，每把刀具都有自己的确定编码。在刀库附近装一个刀具读码识别装置，其上有一排与编码环一一对应的触针式传感器。读码器的触头能与凸圆环面接触而不能与凹圆环面接触，所以能把凸凹几何状态转变成电路通断状态，即“读”出二进制的刀具码。当需要换刀时，刀库旋转，刀具识别装置不断地读出每一把经过刀具的编码，并送入控制系统与换刀指令中的编码进行比较，当二者一致时，控制系统便发出信号，使刀库停转，等待换刀。由于接触式刀具识别系统可靠性差，因磨损大而使用寿命短，因而逐渐被非接触式传感器和条形码刀具识别系统所取代[①]。

① 范狄庆，杜向阳．现代装备传输系统[M].北京：清华大学出版社，2010.

3.3.3.2 软件记忆法

其工作原理是将刀库上的每一个刀座进行编号，得到每一刀座的“地址”。将刀库中的每一把刀具再编一个刀具号，然后在控制系统内部建立一个刀具数据表，将原始状态刀具在刀库中的“地址”一一填入，并不得再随意变动。刀库上装有检测装置，可以读出刀座的地址。取刀时，控制系统根据刀具号在刀具数据表中找出该刀具的地址，按优化原则转动刀库，当刀库上的检测装置读出的地址与取刀地址相一致时，刀具便停在换刀位置上，等待换刀；若欲将换下的刀具送回刀库，不必寻找刀具原位，只要按优化原则送到任一空位即可，控制系统将根据此时换刀位置的地址更新刀具数据表，并记住刀具在刀库中新的位置地址。这种换刀方式目前最为常用[①]。

3.3.4 快速调刀

在自动化生产中，为了实现刀具的快换，使刀具更换后不需对刀或试切就可获得合格的工件尺寸，进一步提高工作的稳定性和生产效率，往往需要解决“无调整快速换刀”和自动换刀问题，即将刀具连同刀夹在线外预先调好半径和长度尺寸，在机床更换刀具时不需要再调整，可大大减少换刀调刀时间。

采用机夹不重磨式硬质合金刀片、快换刀夹、快速调刀装置及计算机控制调刀仪，是解决“无调整快换刀具”问题的常用方法。

机夹不重磨刀片具有多个相同几何参数的刀刃，当一个刀刃磨损后，只需将刀片转过一定角度即可将一个新刃投入切削，不需要重新对刀。

快换刀夹通常属于数控机床的通用工具系统部件，其柄部、接杆和夹头等的规格尺寸已标准化并有很高的制造精度。刀具装夹于快换刀夹上并在线外预调好，加工中需换刀时连刀带刀夹一并快速更换。

柔性制造系统中为适应多品种工件加工的需要，所用刀具种类，规格很多，线外调刀采用计算机控制的调刀仪。调刀仪通过条形码阅读器读取刀具上的条码而获得刀具信息，然后将刀具补偿数据传输给刀具管理计算机，计算机再将这些数据传输给机床，机床将实时数据再反馈给

---

① 全燕鸣．机械制造自动化[M].广州：华南理工大学出版社，2008.

计算机。另一种方式是刀柄侧面或尾部装有直径6～10 mm的集成块，机床和刀具预调仪上都配备有与计算机接口相连的数据读写装置，当某一刀具与读写装置位置相对应时，就可读出或写入与该刀具有关的数据，实现数据的传输。

此外，在加工机床上需要进行对刀，有时也需要调刀。电子对刀仪是由机床或其他外部电源通过电缆向对刀器供5V直流电，经内部光电隔离，能在对刀时将产生的SSR（开关量）或OTC（高低电平）输出信号通过电缆输出至机床的数控系统，以便结合专用的控制程序实现自动对刀、自动设定或更新刀具的半径和长度补偿值，适用于加工中心和数控镗、铣床，也可以作为手动对刀器用于单件、小批量生产[①]。

3.4 装配过程自动化

装配是整个生产系统的一个主要组成部分，也是机械制造过程的最后环节。相对于加工技术而言，装配技术落后许多年，装配工艺已成为现代生产的薄弱环节。因此，实现装配过程的自动化越来越成为现代工业生产中迫切需要解决的一个重要问题。

3.4.1 装配自动化在现代制造业中的重要性

装配自动化（Assembly Automation）是实现生产过程综合自动化的重要组成部分，其意义在于提高生产效率、降低成本、保证产品质量，特别是减轻或取代特殊条件下的人工装配劳动。

装配是一项复杂的生产过程。人工操作已经不能与当前的社会经济条件相适应，因为人工操作既不能保证工作的一致性和稳定性，又不具备准确判断、灵巧操作，并赋以较大作用力的特性。同人工装配相比，自动化装配具备如下优点。

（1）装配效率高，产品生产成本下降。尤其是在当前机械加工自动化程度不断得到提高的情况下，装配效率的提高对产品生产效率的提高具有更加重要的意义。

---

① 林宋，张超英，陈世乐．现代数控机床[M].北京：化学工业出版社，2011.

（2）自动装配过程一般在流水线上进行，采用各种机械化装置来完成劳动量最大和最繁重的工作，大大降低了工人的劳动强度。

（3）不会因工人疲劳、疏忽、情绪、技术不熟练等因素的影响而造成产品质量缺陷或不稳定。

（4）自动化装配所占用的生产面积比手工装配完成同样生产任务的工作面积要小得多。

（5）在电子、化学、宇航、国防等行业中，许多装配操作需要特殊环境，人类难以进入或非常危险，只有自动化装配才能保障生产安全。

3.4.2 自动装配工艺过程分析和设计

3.4.2.1 自动装配工艺设计的一般要求

自动装配工艺比人工装配工艺设计要复杂得多，通过手工装配很容易完成的工作，有时采用自动装配却要设计复杂的机构与控制系统。因此，为使自动装配工艺设计先进可靠，经济合理，在设计中应注意如下几个问题。

（1）自动装配工艺的节拍。

自动装配设备中，多工位刚性传送系统多采用同步方式，故有多个装配工位同时进行装配作业。为使各工位工作协调，并提高装配工位和生产场地的效率，必然要求各工位装配工作节拍同步。

装配工序应力求可分，对装配工作周期较长的工序，可同时占用相邻的几个装配工位，使装配工作在相邻的几个装配工位上逐渐完成来平衡各个装配工位上的工作时间，使各个装配工位的工作节拍相等。

（2）除正常传送外宜避免或减少装配基础件的位置变动。

自动装配过程是将装配件按规定顺序和方向装到装配基础件上。通常，装配基础件需要在传送装置上自动传送，并要求在每个装配工位上准确定位。

因此，在自动装配过程中，应尽量减少装配基础件的位置变动，如翻身、转位、升降等动作，以避免重新定位。

（3）合理选择装配基准面。

装配基准面通常是精加工面或是面积大的配合面，同时应考虑装配夹具所必需的装夹面和导向面。只有合理选择装配基准面，才能保证装配定位精度。

(4)易缠绕零件的定量隔离。

装配件中的螺旋弹簧、纸箱垫片等都是容易缠绕贴连的,其中尤以小尺寸螺旋弹簧更易缠绕,其定量隔料的主要方法有以下两种。

①采用弹射器将绕簧机和装配线衔接。

其具体特征为:经上料装置将弹簧排列在斜槽上,再用弹射器一个一个地弹射出来,将绕簧机与装配线衔接,由绕簧机统制出一个,即直接传送至装配线,避免弹簧相互接触而缠绕。

②改进弹簧结构。

具体做法是在螺旋弹簧的两端各加两圈紧密相接的簧圈来防止它们在纵向相互缠绕。

3.4.2.2 自动装配工艺设计

(1)产品分析和装配阶段的划分。

装配工艺的难度与产品的复杂性成正比,因此设计装配工艺前,应认真分析产品的装配图和零件图。零部件数目大的产品则需通过若干装配操作程序完成,在设计装配工艺时,整个装配工艺过程必须按适当的部件形式划分为几个装配阶段进行,部件的一个装配单元形式完成装配后,必须经过检验,合格后再以单个部件与其他部件继续装配。

(2)基础件的选择。

装配的第一步是基础件的准备。基础件是整个装配过程中的第一个零件。往往是先把基础件固定在一个托盘或一个夹具上,使其在装配机上有一个确定的位置。这里基础件是在装配过程只需在其上面继续安置其他零部件的基础零件(往往是底盘、底座或箱体类零件),基础件的选择对装配过程有重要影响。在回转式传送装置或直线式传送装置的自动化装配系统中,也可以把随行夹具看成基础件。

3.4.3 自动装配的部件

3.4.3.1 运动部件

装配工作中的运动包括三方面的物体的运动。

（1）基础件、配合件和连接件的运动。

（2）装配工具的运动。

（3）完成的部件和产品的运动。

运动是坐标系中的一个点或一个物体与时间相关的位置变化（包括位置和方向），输送或连接运动可以基本上划分为直线运动和旋转运动。因此每一个运动都可以分解为直线单位或旋转单位，它们作为功能载体被用来描述配合件运动的位置和方向以及连接过程。按照连接操作的复杂程度，连接运动常被分解成三个坐标轴方向的运动。

重要的是配合件与基础件在同一坐标轴方向运动，具体由配合件还是由基础件实现这一运动并不重要。工具相对于工件运动，这一运动可以由工作台执行，也可以由一个模板带着配合件完成，还可以由工具或工具、工件双方共同来执行。

3.4.3.2 定位机构

由于各种技术方面的原因（惯性、摩擦力、质量改变、轴承的润滑状态），运动的物体不能精确地停止。在装配中最经常遇到的是工件托盘和回转工作台，这两者都需要一种特殊的止动机构，以保证其停止在精确的位置。

装配对定位机构的要求非常高，它必须能承受很大的力量，还必须能精确地工作。

3.4.4 自动装配机械

随着自动化的向前发展，装配工作（包括至今为止仍然靠手工完成的工作）可以利用机器来实现，产生了一种自动化的装配机械，即实现了装配自动化。自动装配机械按类型分，可分为单工位装配机与多工位装配机两种。

3.4.4.1 单工位自动装配机

单工位装配机是指这样的装配机：它只有单一的工位，没有传送工具的介入，只有一种或几种装配操作。这种装配机的应用多限于只由几个零件组成而且不要求有复杂的装配动作的简单部件。

单工位装配机在一个工位上执行一种或几种操作,没有基础件的传送,比较适合于在基础件的上方定位并进行装配操作。其优点是结构简单,可以装配最多由6个零件组成的部件。通常适用于两到三个零部件的装配,装配操作必须按顺序进行。

3.4.4.2 多工位自动装配机

对三个零件以上的产品通常用多工位装配机进行装配,装配操作由各个工位分别承担。多工位装配机需要设置工件传送系统,传送系统一般有回转式或直进式两种。

工位的多少由操作的数目来决定,如进料、装配、加工、试验、调整、堆放等。传送设备的规模和范围由各个工位布置的多种可能性决定。各个工位之间有适当的自由空间,使得一旦发生故障,可以方便地采取补偿措施。

一般螺钉拧入、冲压、成形加工、焊接等操作的工位与传送设备之间的空间布置小于零件送料设备与传送设备之间的布置。

装配机的工位数多少基本上已决定了设备的利用率和效率。装配机的设计又常常受工件传送装置的具体设计要求制约。这两条规律是设计自动装配机的主要依据。

检测工位布置在各种操作工位之后,可以立即检查前面操作过程的执行情况,并能引入辅助操作措施。

3.4.4.3 工位间传送方式

装配基础件在工位间的传送方式有连续传送和间歇传送两类。

连续传送中,工件连续恒速传送,装配作业与传送过程重合,故生产速度高,节奏性强,但不便于采用固定式装配机械,装配时工作头和工件之间相对定位有一定困难。

间歇传送中,装配基础件由传送装置按节拍时间进行传送,装配对象停在装配工位上进行装配,作业一完成即传送至下一工位,便于采用固定式装配机械,避免装配作业受传送平稳性的影响。按节拍时间特征,间歇传送方式又可以分为同步传送和非同步传送两种。

同步传送方式的工作节拍是最长的工序时间与工位间传送时间之和,工序时间较短的其他工位上存在一定的等工浪费,并且一个工位发生故障时，全线都会受到停车影响。为此，可采用非同步传送方式。

非同步传送方式不但允许各工位速度有所波动，而且可以把不同节拍的工序组织在一个装配线中，使平均装配速度趋于提高，适用于操作比较复杂而又包括手工工位的装配线[①]。

3.5 检测过程自动化

在自动化制造系统中，由于从工件的加工过程到工件在加工系统中的运输和存贮都是以自动化的方式进行的，因此为了保证产品的加工质量和系统的正常运行，需要对加工过程和系统运行状态进行检测与监控。

加工过程中产品质量的自动检测与监控的主要任务在于预防产生废品减少辅助时间、加速加工过程、提高机床的使用效率和劳动生产率。它不仅可以直接检测加工对象本身，也可以通过检验生产工具、机床和生产过程中某些参数的变化来间接检测和控制产品的加工质量，还能根据检测结果主动地控制机床的加工过程，使之适应加工条件的变化，防止废品产生。

3.5.1 检测自动化的目的和意义

自动化检测不仅用于被加工零件的质量检查和质量控制，还能自动监控工艺过程，以确保设备的正常运行。

随着计算机应用技术的发展，自动化检测的范畴已从单纯对被加工零件几何参数的检测，扩展到对整个生产过程的质量控制，从对工艺过程的监控扩展到实现最佳条件的适应控制生产。因此，自动化检测不仅是质量管理系统的技术基础，也是自动化加工系统不可缺少的组成部分。在先进制造技术中，它还可以更好地为产品质量体系提供技术支持[②]。

值得注意的是，尽管已有众多自动化程度较高的自动检测方式可供

① 陈继文，王琛，于复生．机械自动化装配技术[M]．北京：化学工业出版社，2019.

② 郭黎滨，张忠林，王玉甲．先进制造技术[M]．哈尔滨：哈尔滨工程大学出版社，2010.

选择,但并不意味着任何情况都一定要采用。重要的是根据实际需要,以质量、效率、成本的最优结合来考虑是否采用和采用何种自动检测手段,从而取得最好的技术经济效益。

3.5.2 工件的自动识别

工件的自动识别是指快速地获取加工时的工件形状和状态,便于计算机检测工件,及时了解加工过程中工件的状态,以保证产品加工的质量。工件的自动识别可分为工件形状的自动识别和工件姿态与位置的自动识别。

对于前者的检测与识别有许多种方法,目前典型的并有发展前景的是用工业摄像机的形状识别系统。该系统由图像处理器、电视摄像机、监控电视机、一套计算机控制系统组成。其工作原理是把待测的标准零件的二值化图像存储在检查模式存储器中,利用图像处理器和模式识别技术,通过比较两者的特征点进行工件形状的自动识别,对于后者,如果能进行工件姿态和位置识别将对系统正常运行和提高产品质量带来好处。如在物流系统的自动供料的过程中,零件的姿态表示其在送料轨道上运行时所具有的状态。由于零件都具有固定形状和一定尺寸,在输送过程中可视之为刚体。要使零件的位置和姿态完全确定,需要确定其六个自由度。当零件定位时,只要通过对其上的某些特征要素,如孔、凸台或凹槽等所处的位置进行识别,就能判断该零件在输送过程中的姿态是否准确。由于零件在输送过程中的位置和姿态是动态的,因此必须对其进行实时识别。而要实现该要求,必须满足不间断输送零件、合理地选择瞬时定位点、可靠地设置光点位置三个技术条件[①]。

利用光敏元件与光点的适当位置进行工件姿态的判别是目前应用比较普遍的识别方法。这种检测方法是以零件的瞬时定位原理为基础的。瞬时定位点是指在零件输送的过程中,用以确定零件瞬时位置和姿态的特征识别点。识别瞬时定位点的光敏元件可以嵌置在供料器输料轨道的背面,利用在轨道上适当地方开设的槽或孔使光源照射进来。当不同姿态的零件通过该区域时,各个零件的瞬时定位点受光状态会有所不同。在对零件输送过程中的姿态进行识别时,主要根据是零件瞬时定

① 周骥平,林岗.机械制造自动化技术[M].北京:机械工业出版社,2001.

位点的受光状态。受光状态和不受光状态分别用二进制码 0 和 1 来表示。

3.5.3 工件加工尺寸的自动检测

机械加工的目的在于加工出具有规定品质(要求的尺寸,形状和表面粗糙度等)的零件,如果同时要求加工质量和机床运转的效率,必然要在加工中测量工件的质量,把工件从机床上卸下来,送到检查站测量,这样往往难以保证质量,而且生产效率较低。因此实施在工件安装状态下进行测量,即在线测量是十分必要的。为了稳定地加工出符合规定要求的尺寸、形状,在提高机床刚度、热稳定性的同时,还必须采用适应性控制。在适应性控制里,如果输入信号不满足要求,无论装备多么好的控制电路,也不能充分发挥其性能,因此对于适应控制加工来说,实时在线检测是必不可少的重要环节。此外在数控机床上,一般是事先定好刀具的位置,控制其运动轨迹进行加工;而在磨削加工中砂轮经常进行修整,即砂轮直径在不断变化,因此,数控磨床一般都具有实时监测工件尺寸的功能。

3.5.3.1 长度尺寸测量

长度测量用的量仪按测量原理可分为机械式量仪、光学量仪、气动量仪和电动量仪四大类,而适于大中批量生产现场测量的,主要有气动量仪和电动量仪两大类。

(1)气动量仪。

气动量仪将被测盘的微小位移量转变成气流的压力、流量或流速的变化,然后通过测量这种气流的压力或流量变化,用指示装置指示出来,作为量仪的示值或信号。

气动量仪容易获得较高的放大倍率(通常可达 2 000 ~ 10 000),测量精度和灵敏度均很高,各种指示表能清晰显示被测对象的微小尺寸变化;操作方便,可实现非接触测量;测量器件结构容易实现小型化,使用灵活;气动量仪对周围环境的抗干扰能力强,广泛应用于加工过程中的自动测量。但对气源的要求高,响应速度略慢。

(2)电动量仪。

电动量仪一般由指示放大部分和传感器组成,电动量仪的传感器大多应用各种类型的电感和互感传感器及电容传感器。

①电动量仪的原理。

电动量仪一般由传感器、测量处理电路及显示及执行部分所组成。由传感器将工件尺寸信号转化成电压信号，该电压信号经后续处理电路进行整流滤波后，将处理后的电压信号送LCD或LED显示装置显示，并将该信号送执行器执行相关动作。

②电动量仪的应用。

各种电动量仪广泛应用于生产现场和实验室的精密测量工作。特别是将各个传感器与各种判别电路、显示装置等组成的组合式测量装置，更是广泛应用于工件的多参数测量。

用电动量仪作各种长度测量时，可应用单传感器测量或双传感器测量。

用单传感器测量传动装置测量尺寸的优点是只用一个传感器，节省费用；缺点是由于支撑端的磨损或工件自身的形状误差，有时会导入测量误差，影响测量精度。

3.5.3.2 形状精度测量

用于形位误差测量的气动量仪在指示转换部位与用于测量长度尺寸的量仪大致是相同的，只是所采用的测头不同（可根据具体情况参照有关手册进行设计）。用电动量仪进行形位误差测量时，与测量尺寸值不一样，往往需要测出误差的最大值和最小值的代数差（峰—峰值），或测出误差的最大值和最小值的代数和的一半（平均值），才能决定被测工件的误差。为此，可用单传感器配合峰值电感测微仪去测量，也可应用双传感器通过“和差演算”法测量。

3.5.3.3 加工过程中的主动测量装置

加工过程中的主动测量装置一般作为辅助装置安装在机床上。在加工过程中，不需停机测量工件尺寸，而是依靠自动检测装置，在加工的同时自动测量工件尺寸的变化，并根据测量结果发出相应的信号，控制机床的加工过程。

主动测量装置可分为直接测量和间接测量两类。

（1）直接测量装置。

直接测量装置根据被测表面的不同，可分为检验外圆、孔、平面和检验断续表面等装置。测量平面的装置多用于控制工件的厚度或高度尺寸,大多为单触点测量,其结构比较简单。其余几类装置,由于工件被测表面的形状特性及机床工作特点不同,因而各具有一定的特殊性。

(2)主动测量装置的主要技术要求。

①测量装置的杠杆传动比不宜太大,测量链不宜过长,以保证必要的测量精度和稳定性。对于两点式测量装置,其上下两测端的灵敏度必须相等。

②工作时,测端应不脱离工件。因测端有附加测力,若测力太大,则会降低测量精度和划伤工件表面;反之,则会导致测量不稳定。当确定测力时,应考虑测量装置各部分质量、测端的自振频率和加工条件,例如机床加工时产生的振动、切削液流量等。一般两点式测量装置测力选取在0.8~2.5 N,三点式测量装置测力选取在1.5~4 N,三点式测量装置测力选取在1.5~4 N。

③测端材料应十分耐磨,可采用金刚石、红宝石、硬质合金等。

④测臂和测端体应用不导磁的不锈钢制作,外壳体用硬铝制造。

⑤测量装置应有良好的密封性。无论是测量臂和机壳之间,传感器和引出导线之间,还是传感器测杆与套筒之间,均应有密封装置,以防止切削液进入。

⑥传感器的电缆线应柔软,并有屏蔽,其外皮应是防油橡胶。

⑦测量装置的结构设计应便于调整,推进液压缸应有足够的行程。

3.5.4 刀具磨损和破损的检测与监控

刀具的磨损和破损,与自动化加工过程的尺寸加工精度和系统的安全可靠性具有直接关系。因此,在自动化制造系统中,必须设置刀具磨损、破损的检测与监控装置,用以防止可能发生的工件成批报废和设备事故。

3.5.4.1 刀具磨损的检测与监控

(1)刀具磨损的直接检测与补偿。

在加工中心或柔性制造系统中,加工零件的批量不大,且常为混流加工。为了保证各加工表面应具有的尺寸精度,较好的方法是直接检测刀具的磨损量,并通过控制系统和补偿机构对相应的尺寸误差进行补偿。

刀具磨损量的直接测量,对于切削刀具,可以测量刀具的后刀面、前刀面或刀刃的磨损量;对于磨削,可以测量砂轮半径磨损量;对于电火花加工,可以测量电极的耗蚀量。

(2)刀具磨损的间接测量和监控。

在大多数切削加工过程中,刀具的磨损区往往被工件、其他刀具或切屑所遮盖,很难直接测量刀具的磨损值,因此多采用间接测量方式。除工件尺寸外,还可以将切削力或力矩、切削温度、振动参数、噪声和加工表面粗糙度等作为衡量刀具磨损程度的判据。

3.5.4.2 刀具破损的监控方法

(1)探针式监控。

这种方法多用来测量孔的加工深度,同时间接地检查出孔加工刀具(钻头)的完整性,尤其是对于在加工中容易折断的刀具,如直径10 ~ 12 mm以内的钻头。这种检测方法结构简单,使用很广泛。

(2)光电式监控。

采用光电式监控装置可以直接检查钻头是否完整或折断。

这种方法属非接触式检测,一个光敏元件只可检查一把刀具,在主轴密集、刀具集中时不好布置,信号必须经放大,控制系统较复杂,还容易受切屑干扰。

(3)气动式监控。

这种监控方式的工作原理和布置与光电式监控装置相似。钻头返回原位后,气阀接通,气流从喷嘴射向钻头,当钻头折断时,气流就冲向气动压力开关,发出刀具折断信号。这种方法的优缺点及适用范围与光电式监控装置相同,但同时还有清理切屑的作用。

(4)声发射式监控。

用声发射法来识别刀具破损的精度和可靠性已成为目前很有前途的一种刀具破损监控方法。声发射(Acoustic Emission, AE)是固体材料受外力或内力作用而产生变形、破裂或相位改变时以弹性应力波的形式释放能量的一种现象。刀具损坏时,将产生高频、大幅度的声发射信号,它可用压电晶体等传感器检测出来。由于声发射的灵敏度高,因此能够进行小直径钻头破损的在线检测。

第 4 章　先进制造工艺技术

随着市场竞争的日趋激烈化，为了适应激烈的市场竞争及制造业的经营战略不断发展变化的要求，企业必须形成一种优质、高效、低耗、清洁和灵活的制造工艺技术。生产规模、生产成本、产品质量和市场响应速度相继成为企业的经营目标，先进制造工艺应运而生。

4.1　先进制造工艺概述

先进制造工艺是加工制造过程中基于先进技术装备的一整套技术规范和操作工艺，它是在传统机械制造工艺基础上逐步形成的一种制造工艺技术，并随着技术的进步不断变化和发展。先进制造工艺是先进制造技术的核心和基础，是高新技术产业化和传统工艺高新技术化的具体表现和实际结果，一个国家的制造工艺技术水平是核心竞争力的具体体现，其高低决定了制造业在国际市场中的实力。

4.1.1 先进制造工艺技术的特点

先进制造工艺技术是指研究与物料处理过程和物料直接相关的各项技术，先进制造工艺技术具有以下 4 个方面的显著特点。

（1）低耗。随着人类制造水平的提高，对制造所产生的负面效应也得到了应有的关注，先进制造工艺技术应该在满足人类需求的同时，尽量减少对资源的消耗和环境的影响。先进制造工艺技术应满足节省原材料、降低能源消耗、提高能源重复利用率的要求，以减少对于资源的浪费；先进制造工艺技术还应做到少排放或零排放，生产过程不污染环境，符合日益增长、逐渐严苛的环境保护要求[①]。

（2）优质。以先进制造工艺和加工制造出的产品应具有产品质量高、性能好、加工精度高、表面处理好、内部组织致密、无缺陷杂质等特点，最终产品零件具有使用性能好、使用寿命长和可靠性高的性能。

（3）高效。与传统制造工艺技术相比，先进制造工艺技术还应具有高效加工的特征，即极大地缩短加工时间，提高劳动生产率，降低生产成本和操作者的劳动强度，加工过程具有优良的可操作性和易维护性。

（4）灵活。它指加工方法能够快速变化、灵活适应、快速变换的市场需求对下游产品的加工也提出了快速反应的要求，即能够快速地变换生产过程和种类，以及对产品设计内容进行灵活更改，可进行多品种的柔性生产，适应多变的产品消费市场需求[②]。

4.1.2 先进制造工艺技术的内容

按处理物料的特征来分，先进制造工艺技术包含以下4个方面[③]。

先进制造工艺技术是把各种原材料、半成品加工成为产品的方法和过程。先进制造工艺技术可以划分为以下几类[④]。

（1）精密、超精密加工技术。它是指对工件表面材料进行去除，使工件的尺寸、表面性能达到产品要求所采取的技术措施。精密加工一般指加工精度在10 ~ 0.1 μm、表面粗糙度Ra值在0.1 μm以下的加工方法，如金刚车、金刚镗、研磨、珩磨、超精研、砂带磨、镜面磨削和冷压加工等；用于精密机床，精密测量仪器等制造业中的关键零件加工，如精密丝杠、精密齿轮、精密蜗轮、精密导轨、精密滚动轴承等，在当前制造工业中占有极重要的地位。超精密加工是指被加工零件的尺寸公差为0.1 ~ 0.01 μm数量级、表面粗糙度Ra值为0.001 μm数量级的加工方法。

（2）精密成型制造技术。它是指工件成型后只需少量加工或无领加工就可用作零件的成型技术，它是多种高新技术与传统毛坯成型技术融为一体的综合技术，包括高效、精密、洁净铸造、锻造、冲压、焊接及热

① 张平亮．先进制造技术[M]．北京：高等教育出版社，2009.

② 庄品，周根然，张明宝．现代制造系统[M]．北京：科学出版社，2005.

③ 徐翔民，赵砚，余斌，等．先进制造技术[M]．成都：电子科技大学出版社，2014.

④ 石文天，刘玉德．先进制造技术[M]．北京：机械工业出版社，2018.

处理与表面处理技术。

（3）特种加工技术。它是指那些不属于常规加工范畴的加工。例如，高能束流（电子束、离子束、激光束）加工、高压水射流加工以及电解加工与电火花等加工方法。

（4）表面工程技术。它指采用物理、化学、金属学、高分子化学、电学和机械学等技术及其组合，使表面具有耐磨、耐蚀、耐（隔）热。耐辐射和抗疲劳等特殊功能，从而达到提高产品质量，延长寿命，赋予产品新性能的新技术统称，是表面工程的重要组成部分，可以采用化学镀、非静态合金技术、节能表面涂装技术、表面强化处理技术、热喷涂技术、激光表面熔敷处理技术和等离子化学气相沉积技术等。

4.1.3 先进制造工艺技术的发展趋势

（1）成形精度高，余量小塑性成形工艺是先进制造工艺技术的重要分支，热加工方面提出了“近无缺陷加工”的目标，零件成形方法出现了“少无余量，近净成形”的发展方向。为实现少、无缺陷，采取的主要措施有：增大合金组织的致密度，优化工艺设计以实现一次成形及试模成功，加强工艺过程监控及无损检测，进行零件安全、可靠性能研究及评估，确定临界缺陷量值等。在“少无余量，近净成形”的制造工艺过程中，加工余量越来越小，毛坯与零件的界限也趋于减小，有的毛坯成形后，仅需要简单的磨削甚至抛光就能够达到零件的最终质量要求，不需要额外加工，如精铸、精锻、精冲，冷温挤压、精密焊接及切制等。

（2）围绕新型材料拓展加工工艺。新型材料由于其性能优良，强度、硬度较高，采用传统方法加工存在一定困难。通过采用高能束、激光、等离子体、微波、超声波、电液、电磁和高压射流等新型能源载体，形成了多种让人耳目一新的特种加工技术，这些新技术不仅提高了加工效率和质量，还解决了超硬材料、高分子材料、复合材料和工程陶瓷等新型材料的加工难题。将来围绕不同的新材料，还会研发出新的、有针对性的加工工艺，解决其加工问题。

（3）高效超精密加工[①]。先进制造工艺技术不仅要实现高精度、超精密加工，还要实现高速、高效加工。现在的高精度、超精密加工技术

① 石文天，刘玉德．先进制造技术[M]．北京：机械工业出版社，2018.

已进入纳米加工时代，加工精度达几十纳米，表面粗糙度达纳米级。超精密加工机床由专用机床向多功能模块化方向发展，加工精度逐步提高，超精密加工材料的范围由金属扩大到高分子材料、复合材料等。以高速切削加工技术为例，对于易切削的铝合金，最高切削速度可以达到6 000 m/min，进给速度为2 ~ 20 m/min，最高可以达到100 ~ 150 m/min。

（4）模拟技术和优化控制的广泛采用。随着计算机软硬件技术的发展，将其应用于制造技术，进行模拟加工、预测成形、虚拟装配等体现出了巨大的技术优势，可以低成本地为制造技术服务。模拟技术已向拟实制造成形的方向发展，成为分散网络化制造，数字化制造及制造全球化的技术基础。先进制造工艺技术的控制技术也随着计算机软硬件的发展而不断跃升，形成了从单机到系统，从刚性到柔性，从简单到复杂等不同档次的多种自动化成形加工技术，使工艺过程控制方式发生了质的变化。

（5）加工设计集成并趋于一体化。由于CAD/CAM、FMS、CIMS、并行工程、快速原型等先进制造技术的出现，在设计阶段便可以进行制造阶段的模拟仿真以及虚拟检测等，使加工与设计之间的界限逐渐淡化，并趋于一体化，而且冷、热加工之间，加工过程、检测过程、物流过程、装配过程之间的界限也趋向淡化、消失，而集成于统一的制造系统之中。在集成化的智能制造系统和计算机集成制造系统中，可以实现优化设计、模拟加工、预测成形、过程控制、虚拟装配及检验优化等一系列传统制造技术无法完成的工艺环节，实现快速开发和高效生产。

4.2　材料受迫成形工艺技术

材料受迫成形是在特定边界和外力约束条件下的材料成形工艺方法，如铸造、锻压、粉末冶金和高分子材料注射成形等。

4.2.1 精密洁净铸造成形技术

4.2.1.1 精密铸造成形技术

先进的铸造工艺以熔体洁净、组织细密、表面光洁、尺寸精密为特征,可减少原材料消耗,降低生产成本;便于实现工艺过程自动化,缩短生产周期;改善劳动环境,使铸造生产绿色化;保证铸件毛坯力学性能,达到少、无切削的目的。根据铸件的工艺特点,可分为熔模精密铸造、金属型铸造、消失模铸造、压力铸造、低压铸造、离心铸造、陶瓷型铸造和半固态铸造成形。

熔模精密铸造是在蜡模表面涂上数层耐火材料,待其硬化干燥后,将其中的蜡模熔去,制成形壳,再经过焙烧,最后进行浇注而获得铸件。熔模铸造使用易熔材料制成,铸型无分型面,可获得较高尺寸精度和表面粗糙度的各种形态复杂的零件,最小壁厚可达 0.7 mm,最小孔径可达 1.5 mm。它适用于尺寸要求高的铸件,尤其是无加工余量的铸件(如涡轮发动机叶片);各种碳钢、合金钢及铜、铝等各种有色金属,尤其是机械加工困难的合金。熔模精密铸造的工艺过程:模具设计与制造→压制蜡模→检测修整蜡模→组树→制壳→脱模→壳模焙烧→熔炼、分析、浇润→碎壳→切割→打磨浇口→抛丸处理→修整→检验。

金属型铸造是将液态金属浇入金属铸型以获得铸件的铸造方法。金属铸型可重复使用。由于金属型导热速度快,没有退让性和透气性,可采用预热金属型、铸型表面喷涂料、提高浇铸温度和及时开型的工艺措施来确保获得优质铸件和延长金属型的使用寿命。金属型生产的铸件,机械性能比砂型铸件高,铸件的精度和表面光洁度比砂型铸件高,质量和尺寸稳定,液体金属损耗量低,可实现“一型多铸”,易实现机械化和自动化。但是其制造成本高,易造成铸件浇不到、开裂和铸铁件白口等缺陷。金属型铸造主要用于铜合金、铝合金等非铁金属铸件的大批量生产,如活塞、连杆、汽缸盖等。

消失模铸造是利用泡沫塑料作为铸造模型,模型在浇铸过程中被熔融的高温浇注液汽化,金属液取代原来泡沫塑料模样占据的空间位置,冷却凝固后即获得所需的铸件。消失模铸造过程包括制造模样、模样组合、涂料及其干燥、填砂及紧实、浇注、取出铸件等工序。消失模铸造铸型紧实后不用起模、分型,没有铸造斜度和活块,取消了型芯,因此可避免普通砂型铸造时因起模、组芯、合箱等引起的铸件尺寸误差和缺陷,铸件的尺寸精度较高;同时由于泡沫塑料模样的表面光洁、粗糙度值较低,消失模铸造铸件的表面粗糙度也较低。铸件的尺寸精度可达 CT5 ~ CT6 级、表面粗糙度可达 6.3 ~ 12.5 μm;应用范围广,几乎不受铸件结构、尺寸、重量、材料和批量的限制,特别适用于生产形状复杂的铸件。

消失模铸造简化了铸件生产工序，提高了劳动生产率，容易实现清洁生产，被认为是“21世纪的新型铸造技术”及“铸造中的绿色工程”，目前它已被广泛用于航空、航天、能源行业等精密铸件的生产。如图4-1所示为消失模铸造的工艺过程。

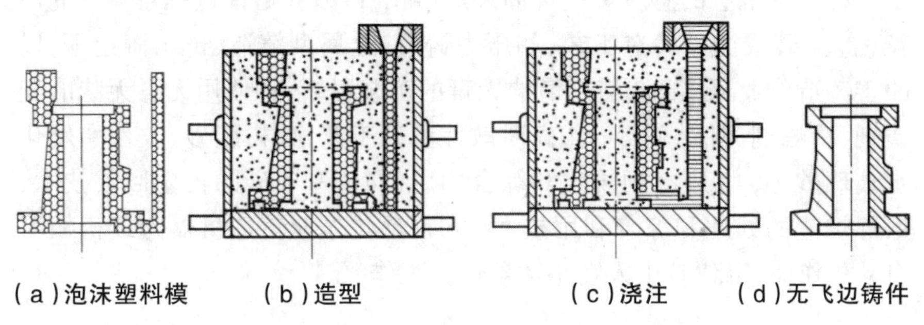

图4-1　消失模铸造的工艺过程

陶瓷型铸造是在砂型铸造和熔模铸造的基础上发展起来的一种精密铸造方法。陶瓷型铸造的工艺过程：硅酸乙酯→硅酸乙酯水溶液/耐火材料/催化剂→准备模型及砂套→灌浆→结胶硬化起模→喷烧→焙烧→熏烟→合箱→(合金熔炼→)浇注→打箱→清理→铸件。

由于陶瓷面层在具有弹性的状态下起模，面层耐高温且变形小，陶瓷型铸造铸件的尺寸精度和表面粗糙度与熔模铸造相近。陶瓷型铸件的大小几乎不受限制，可从几千克到数吨；在单件、小批量生产条件下，投资少，生产周期短；不过，它不适于生产批量大、质量轻或形状复杂的铸件，生产过程难以实现机械化和自动化。目前陶瓷型铸造主要用于生产厚大的精密铸件，广泛用于生产冲模、锻模、玻璃器皿模、压铸型模和模板等。

半固态铸造是在液态金属的凝固过程中强烈搅动，抑制树枝晶网络骨架的形成，制得形成分散的颗粒状组织金属液，而后压铸成坯料或铸件的铸造方法。它是由传统的铸造技术及锻压技术融合而成的新的成形技术，具有成形温度低、模具寿命长、节约能源、铸件性能好(气孔率大大减少、组织呈细颗粒状)、尺寸精度高(凝固收缩小)、成本低、对模具的要求低、可制复杂零件等优点，被认为是21世纪最具发展前途的近净成形技术之一。

4.2.1.2 清洁铸造技术

日趋严格的环境与资源约束,清洁铸造已成为21世纪铸造生产的重要特征,其主要内容包括:①洁净能源,如以铸造焦炭代替冶金焦炭、以少粉尘少熔渣的感应炉代替冲天炉熔化,以减轻熔炼过程对空气的污染;②无砂或少砂铸造工艺,如压力铸造、金属型铸造、挤压铸造等,以改善铸造作业环境;③使用清洁无毒的工艺材料,如使用无毒无味的变质剂、精炼剂、乳结剂等;④高溃散性型砂工艺,如树脂砂、改性醋硬化水玻璃砂等;⑤废弃物再生和综合利用,如铸造旧砂的再生回收技术、熔炼炉渣的处理和综合利用技术;⑥自动化作业铸造机器人或机械手自动化作业,以代替工人在恶劣条件下工作[①]。

4.2.2 精确高效塑性成形技术

金属塑性成形是利用金属的塑性,借助外力使金属发生塑性变形,成为具有所要求的形状、尺寸和性能的制品的加工方法,也称为金属压力加工或金属塑性加工[②]。

4.2.2.1 精密模锻

精密模锻是在模锻设备上锻造出形状复杂、高精度锻件的锻造工艺。精密模锻件的公差和余量约为普通锻件的1/3,表面粗糙度Ra。值为3.2 ~ 0.8 μm,接近半精加工。和传统模锻相比,精密模锻需精确计算原始坯料的尺寸,以避免大尺寸公差和低精度;需精细清理坯料表面,除净坯料表面的氧化皮、脱碳层及其他缺陷;需采用无氧或少氧化加热法,尽量减少坯料表面形成的氧化皮;精锻模膛的精度必须比锻件精度高两级;精锻模应有导柱导套结构,保证合模准确;精锻模上应开排气小孔,减小金属的变形阻力;模锻进行中要很好地冷却锻模和进行润滑。精密模锻一般都在刚度大、运动精度高的设备(如曲柄压力机、摩擦压力机、高速锤等)上进行,具有精度高、生产率高、成本低等优点。

① 曾珊琪,丁毅.材料成型基础[M].北京:化学工业出版社,2011.
② 李长河,丁玉成.先进制造工艺技术[M].北京:科学出版社,2011.

4.2.2.2 挤压成形

挤压成形是指对挤压模具中的金属坯锭施加强大的压力，使其发生塑性变形，从挤压模具的模口中流出，或充满凸、凹模型腔，从而获得所需形状与尺寸的精密塑性成形方法。坯料变形温度低于材料再结晶温度（通常是室温）的挤压工艺为冷挤压。冷挤压时金属的变形抗力比热挤压时大得多，但产品尺寸精度较高，可达 IT5 ~ IT9，表面粗糙度 Ra。值可达 3.2 ~ 0.4 μm，且冷变形强化组织，产品的强度得到提高。

4.2.2.3 超塑性成形

超塑性成形也是压力加工的一种工艺。超塑性是指材料在一定的内部（组织）条件（如晶粒形状及尺寸、相变等）和外部（环境）条件下（如温度、应变速率等），呈现出异常低的流变抗力、异常高的流变性能（如大的延伸率）的现象。如钢断后伸长率超过 500%、纯钛超过 300%、锌铝合金可超过 1 000%。按实现超塑性的条件，超塑性主要有细晶粒超塑性和相变超塑性。细晶粒超塑性成形必须满足等轴稳定的细晶组织、一定的变形温度和极低的变形速度三个条件。相变超塑性是在材料的相变或同素异构转变温度附近经过多次加热冷却的温度循环，获得断后伸长率。常用的超塑性成形材料主要是锌铝合金、铝基合金、铜合金、钛合金及高温合金。具有超塑性的金属在变形过程中不产生缩颈，变形应力可降低几倍至几十倍。即在很小的应力作用下，产生很大的变形。具有超塑性的材料可采用挤压、模锻、板料冲压和板料气压等方法成形，制造出形状复杂的工件。

4.2.2.4 精密冲裁

精密冲裁是使冲裁件呈纯剪切分离的冲裁工艺，是在普通冲裁工艺的基础上通过模具结构的改进来提高冲裁件精度，精度可达 IT6 ~ IT9 级，断面粗糙度 Ra 值为 1.6 ~ 0.4 μm。精密冲裁通常通过光洁冲裁、负间隙冲裁、带齿圈压板冲裁等工艺手段来实现。光洁冲裁使用小圆角刃口和较小冲模间隙，加强了变形区的静水压力，提高了金属塑性，将裂纹容易发生的刃口侧面变成了压应力区，刃口圆角有利于材料从模具端面向模具侧面流动，消除或推迟了裂纹的发生，使冲裁件呈塑性剪切而形成光亮的断面。光洁冲裁时的凸凹模间隙一般小于0.01 ~ 0.02 mm。对于落料冲裁,凹模刃口带有小圆角,凸模为普通结构;对于冲孔加工,凸模刃口带有小圆角,而凹模为普通结构形式。负间隙冲裁的凸模尺寸大于凹模型腔的尺寸,产生负的冲裁间隙。在冲裁过程中,冲裁件的裂纹方向与普通冲裁相反,形成一个倒锥形毛坯。当凸模继续下压时,将倒锥形毛坯压入阴模内。由于凸模尺寸大于凹模尺寸,故冲裁时凸模刃口不应进入凹模型腔孔内,而应与凹模表面保持0.1 ~ 0.2 mm的距离。负间隙冲裁工艺仅适用于铜、铝、低碳钢等低强度、高伸长率、流动性好的软质材料,其冲裁的尺寸精度可达IT9 ~ IT11,断面粗糙度Ra值可达0.8 ~ 0.4 μm。带齿圈压板的精冲工艺可由原材料直接获得精度高、剪切面光洁的高质量冲压件,并可与其他冲压工序复合,进行如沉孔、半冲孔、压印、弯曲、内孔翻边等精密冲压成形①。

4.2.3 粉末锻造成形技术

粉末锻造是一种低成本高密度粉末冶金近净成形技术,它将传统的粉末冶金和精密锻造工艺进行结合。粉末冶金是将各种金属和非金属粉料均匀混合后压制成形,经高温烧结和必要的后续处理来制取金属制品的一种成形工艺。

粉末锻造是指以金属粉末为原料,经过冷压成形,烧结、热锻成形或由粉末经热等静压、等温模锻,或直接由粉末热等静压及后续处理等工序制成所需形状的精密锻件,将传统的粉末冶金和精密模锻结合起来的一种新工艺。典型的粉末锻造工艺流程:粉末制取→模压成形→型坯烧结→锻前加热→锻造→后续处理锻造。

粉末锻造的毛坯为烧结体或挤压坯,或经热等静压的毛坯。由于金属粉末合金化容易,因此有可能根据产品的服役条件和性能要求,设计和制备原材料,从而改变传统的锻压加工都是"来料加工"模式,有利于实现产品、工艺、材料的一体化。

粉末锻造工艺应用于制造力学性能高于传统粉末冶金制品的结构零件。因此广泛选择预合金雾化钢粉作为预成形坯的原料。最普通的

① 王隆太,宋爱平,张帆,等.先进制造技术[M].北京:机械工业出版社,2015.

成分是含 Ni 和 Mo 两合金元素。为了提高粉末锻件的淬透性，一般采取在含 Ni 0.4%和 Mo 0.6%的预合金雾化钢粉和石墨的混合粉中加入铜。加入 2.1%以下的铜，经压制、烧结锻造后，锻件表现出比无铜时具有更高的淬透性。

粉末锻造用原材料粉末的制取方法主要有还原法、雾化法，这些方法被广泛用于大批量生产。适应性最强的方法是雾化法，因为它易于制取合金粉末，而且能很好地控制粉末性能。其他如机械粉碎法和电解法基本上用于小批量生产特殊材料粉末。近年来，快速冷凝技术及机械合金化技术被用来制取一些具有特异性能、用常规方法难以制备的合金粉末，并逐渐在粉末锻造领域应用。粉末锻造之所以有如此大的发展，是由于现在可以生产新的、高质量的、低成本的粉末[①]。

粉末锻造一般都是在闭式模腔内进行，因此对模具精度要求较高，其典型的模具结构如图 4-2 所示。模锻时，模具的润滑和预热是两个重要的因素。若加热的型坯与模具表面接触，可能受到激冷，达不到完成致密的目的。因而，为了保证锻件质量，提高模具寿命，降低变形阻力，模具应进行预热处理，预热温度在 200 ~ 300 ℃。模锻过程的模具润滑会大大减小坯料在型腔中的滑移阻力，有利于模锻成形。

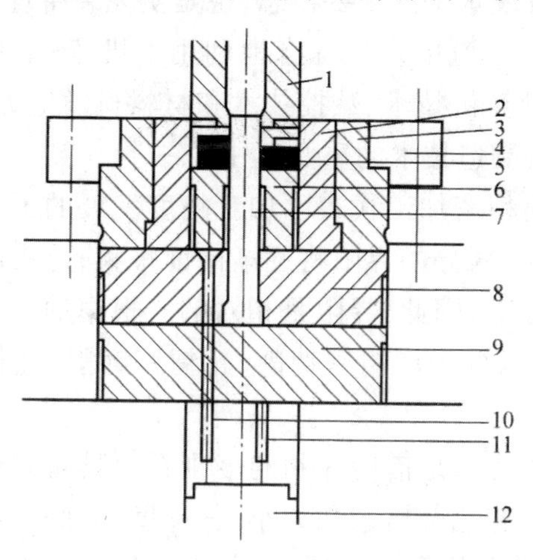

图 4-2　粉末锻造模具

1—中空上冲头；2—阴模；3—预应力环；4—紧固环；5—锻件；6—下冲头；
7—芯模；8—横座；9—支承垫块；10,11—顶出杆；12—压机顶出机构

① 张士宏，程明，宋鸿武，等．塑性加工先进技术[M].北京：科学出版社，2012.

锻造时由于保压时间短，坯料内部孔隙虽被锻合，但其中有一部分还未能充分扩散结合，可经过退火、再次烧结或热等静压处理，以便充分扩散结合。粉末锻件可同普通锻件一样进行各种热处理。粉末锻件为保证装配精度，有时还须进行少量的机械加工。

4.3 超精密加工技术

4.3.1 超精密加工技术概述

精密、超精密加工技术是指加工精度达到某一数量级的加工技术的总称。零部件和整机的加工和装配精度对产品的重要性不言而喻，精度越高，产品的质量越高，使用寿命越长，能耗越小，对环境越友好。超精密加工技术旨在提高零件的几何精度，以保证机器部件配合的可靠性、运动副运动的精确性、长寿命和低运行费用等[①]。

超精密加工技术是高科技尖端产品开发中不可或缺的关键技术，是一个国家制造业发展水平的重要标志，也是实现装备现代化目标不可缺少的关键技术之一。它的发展综合地利用了机床、工具、计量、环境技术、光电子技术、计算机技术、数控技术和材料科学等方面的研究成果。超精密加工是先进制造技术的重要支柱之一[②]。

精密加工和超精密加工代表了加工精度发展的不同阶段。由于生产技术的不断发展，划分的界限将逐渐向前推移，过去的精密加工对今天来说已是普通加工，因此，界限是相对的。根据加工方法的机理和特点，超精密加工可以分为超精密切削、超精密磨削、超精密特种加工和复合加工。

超精密切削的特点是借助锋利的金刚石刀具对工件进行车削和铣削。金刚石刀具与有色金属亲和力小，其硬度、耐磨性及导热性都非常优越，且能刃磨得非常锋利，刃口圆弧半径可小于 0.01 μm，可加工出表

① 任小中，贾晨辉，吴昌林．先进制造技术[M].3 版．武汉：华中科技大学出版社，2017.

② 李建中，谈朗玉，李大东，等．精工造物[M].郑州：河南科学技术出版社，2013.

面粗糙度 Ra 小于 0.01 μm 的表面[①]。

超精密磨削是在一般精密磨削基础上发展起来的。超精密磨削不仅要提供镜面级的表面粗糙度，还要保证获得精确的几何形状和尺寸。

目前超精密磨削的加工对象主要是玻璃、陶瓷等硬脆材料，磨削加工的目标是加工出 3 ~ 5 nm 的光滑表面。要实现纳米级磨削加工，要求机床具有高精度及高刚度，脆性材料，可进行可延性磨削（Ductile Grinding）。此外，砂轮的修整技术也至关重要。

超精密特种加工是指直接利用机械、热、声、光、电、磁、原子、化学等能源的采用物理的、化学的非传统加工方法的超精密加工。超精密特种加工包括的范围很广，如电子束加工、离子束加工、激光束加工等能量束加工方法。

复合加工是指同时采用几种不同能量形式、几种不同的工艺方法的加工技术，例如电解研磨、超声电解加工、超声电解研磨、超声电火花、超声切削加工等。复合加工比单一加工方法更有效，适用范围更广。

4.3.2 超精密切削加工

超精密切削加工的典型代表为采用金刚石刀具，进行有色金属、合金、光学玻璃、石材和复合材料的超精密加工，制造加工精度要求很高的零件，如陀螺仪、天文望远镜的反射镜、激光切割机床中的反射镜、计算机磁盘、录像机磁头及复印机硒鼓等。以计算机硬盘基片的高精度加工为例，对铝合金软质基片采用单晶金刚石刀具进行镜面车削，比敷砂研磨加工获得的表面粗糙度更低；当磁层厚度小于 1 μm 时，金刚石镜面车削比研磨加工的表面粗糙度可提高 14%，而且效率更高。超精密切削加工的关键是能够在被加工表面上进行微量切除，其切除量小于被加工工件的精度，如果能切削 1 nm，则其加工水平为纳米级。

超精密切削加工刀具必须具备以下特征。

（1）锋利的切削刃。微量切削的最小切削厚度取决于刀具切削刃的圆弧半径，其半径越小，刀具最小切削厚度越小，因此能够制造和设计具有纳米级刃口锋利度的超精密切削刀具是进行超精密切削加工的关键技术。

① 储伟俊，刘斌，周建钊，等．机械制造基础[M]．北京：国防工业出版社，2015.

（2）高强高硬的刀具材料。超精密加工的刀具切削刃应能承受巨大切应力的作用。切削刃在受到很大切应力的同时，切削区会产生很高的热量，切削刃切削处的温度会很高，要求刀具材料应有很高的高温强度和高温硬度。只有超硬刀具材料，如金刚石、立方氮化硼等才能胜任精密加工工作。金刚石材料质地致密，具有很高的高温强度和高温硬度，经过精密研磨，几何形状精度高，表面相精度很低，是目前进行极薄切削的理想刀具材料。超精密切削采用的金刚石刀具也有缺点，如金刚石很脆，怕振动，要求切削稳定。此外，金刚石与铁原子的亲和力大，不适于切削钢铁材料。

（3）切削刃应无缺陷。切削过程是切削刃形复映在工件表面的加工，切削刃的任何缺陷都会造成工件的加工精度下降，不能得到理想的光滑表面；同时，刀具材料应与工件材料的抗黏结性好、亲和力小。要实现超微量切削，必须配有微量移动工作台的微量进给驱动装置和满足刀具角度微调的微量进给机构，并能实现数字控制。超精密加工机床必须具备以下性能要求。

①极高精度包括主轴回转精度、导轨运动精度、定位精度、重复定位精度、分辨率及分度精度。如精密主轴部件要求达到极高的回转精度，转动平稳，无振动，关键在于其高精度的回转轴承，故多采用空气静压回转轴承，其回转精度可达到0.025 ~ 0.05 μm，运动平衡，温升较小，故得到广泛采用；但空气静压轴承刚度较低，承载能力较弱，抗震性能较差，故大型超精密机床常采用液体静压轴承[①]。

②高的静刚度、动刚度，热刚度和稳定性。超精密机床的总体布局多采用T形结构，主轴箱带动工件做纵向运动，横向运动由刀架完成，机床横、纵向导轨都作在机床床身上，成T形布局，有利于提高导轨的制造精度和运动精度；而且测量系统安装简单，可以大大提高测量精度。超精密机床床身和导轨采用线胀系数小、阻尼特性好、尺寸稳定的花岗石制造。稳定性指机床在使用过程中能够长时间保持高精度、抗干扰、抗振动及耐磨，能够可靠稳定地工作。

③具有微量进给装置，能实现数字控制，达到微量切削的目标。超精密切削加工的切削进给和切削深度都较小，必须有精密的微量进给装置，能够进行微米级甚至纳米级切深的精准控制，保证切削用量。可用

---

① 刘璇，冯凭．先进制造技术[M]．北京：北京大学出版社，2012.

的微量进给装置有机械传动结构，电磁和弹性变形式结构、压电陶瓷机构等。

目前，常采用压电陶瓷式传感器作为微动执行元件，利用其电致伸缩效应实现微位移。我国已可做到分辨率为纳米级，重复精度为 50 nm 的微量进给装置。

4.3.3 超精密磨削加工

随着科学技术的不断发展，在尖端技术和国防工业领域中，高精度、高表面质量的硬脆材料得到了广泛应用，如单晶硅片、蓝宝石基片、工程陶瓷、光学玻璃及光学晶体等，对于硬脆材料的加工，超精密切削的方式无法进行加工，必须采用超精密磨削。超精密磨削就是针对这些超硬材料的高精度、高表面质量的加工逐渐发展起来的。由于硬脆材料可获得高度镜面的表面质量，具有很大的应用潜力，但其磨削加工相对困难，砂轮磨削的面状接触比刀具刃部切削阻力要大几倍甚至上百倍，需要高刚度的工艺系统支撑。此外，磨削加工后，被加工表面受切削力和切削热的影响，易产生加工硬化、残余应力、热变形和裂纹等缺陷。

超精密磨削的主要加工刀具是砂轮。目前主要选用金刚石、立方氮化硼砂轮，要求砂轮锐利、耐磨、颗粒大小均匀、分布密度均匀。超精密磨削砂轮常用的结合剂有树脂结合剂、陶瓷结合剂和金属结合剂。用 8000# 粒度铸铁结合剂金刚石砂轮精磨 SiC 非球镜面，Ra 可达 2 ~ 5 nm，形状精度很高。对极细粒度超硬磨料磨具来讲，砂轮表面容易被切屑堵塞，容屑空间和砂轮锋锐性很难保持[①]。

超精密砂带磨削同时具有磨削、研磨和抛光的多重作用，同样可以达到超精密磨削的效果。砂带磨削是一种高精度、高效率、低成本的磨前方法，广泛应用于各种材料的磨削和抛光，由于其接触面小、发热量少、可有效减少工件变形和烧伤，工件表面粗糙度 Ra 可达到 0.05 ~ 0.01 μm。

此外，还有确定量微磨技术，最初是由美国罗切斯特大学光学研究中心提出，采用高刚度、高精度、高稳定性机床，通过精确控制砂轮的进给、切深及磨削速度，减少磨削加工的不确定性及工件表面损伤，达到高精度、高效率和高质量的加工。确定量微磨技术成形表面粗糙度可达

① 石文天，刘玉德．先进制造技术[M]．北京：机械工业出版社，2018.

到方均根值为 3 nm，优于研磨加工质量和效率。日本根据电泳沉积原理制作了超细磨粒的砂轮，这种砂轮可以有效避免传统砂轮产生的微细磨粒易团聚、均匀性差、无气孔和易脱落等缺点。采用 SiO_2 磨料制作的砂轮对单品硅，蓝宝石等进行磨削，得到了 Ra 0.6 nm 的超光滑表面①。

4.3.4 超精密抛光加工

超精密抛光加工是目前最主要的终加工手段，具有去除量小、加工精度极高的特点，其加工精度可达到几纳米，加工表面粗糙度可达到 Ra 0.1 nm 级。其加工机理是利用微细磨粒的机械和化学作用，在软质抛光工具或电磁场及化学液的作用下，采用物理和化学作用的复合加工，进行微量去除，获得光滑或超光滑表面，得到高质量的加工表面。

抛光加工可分为机械抛光、化学抛光、化学机械抛光、液体抛光、电解抛光和磁流变抛光等，针对硅片加工发展起来的化学机械抛光是目前应用广泛、技术成熟的超精密抛光技术。在硅片的化学机械抛光过程中，加工液会在硅片表面生成水合膜，减少加工变质层的发生。目前，化学机械抛光广泛应用于超大规模集成电路制造中硅片的全面平坦化，是半导体工业中的主导技术之一。而且也正在不断拓展它的应用范围。

4.3.5 超精密加工技术的发展趋势

随着制造业规模和要求精度的不断提升，超精密加工技术的发展呈现以下趋势。

（1）向更高精度、大型化方向发展。加工精度的提高和加工质量的提升是相辅相成的，现阶段的超精密加工技术正从亚微米级、纳米级和亚纳米级向突破纳米尺度的方向发展，这就促使超精密机床、高精度微型刀具、快速响应控制反馈系统及恒温湿超洁净环境等支撑系统得到快速发展。作为系统工程的一环，任一技术条件的缺失都会使最终加工效果大打折扣。

超精密加工正在向高效率、大型化加工方向发展。航天航空、电子通信等领域的快速发展，不仅需要高精度、高质量的加工效果，同时对

① 袁巨龙，张飞虎，戴一帆，等．超精密加工领域科学技术发展研究 [J]. 北京：机械工程学报，2010.

加工效率和加工尺寸也提出了要求，如大型天文望远镜、激光核聚变和大型光学镜面的加工，要求其形状精度达到纳米级，且需求量较大，这就迫使人们研制各种大型超精密加工设备，以同时满足高效率和大型化的加工需要。国防科技大学李圣怡教授研制出我国首台具有自主知识产权的大型纳米精度磁流变和离子束抛光装备，从而实现了将光学零件的方均根值面形误差控制在几纳米以内，突破了大型光学零件高效、高精度和无损伤制造的技术瓶颈[①]。

（2）向微型化方向发展。超精密加工技术除了向大型化发展以外，也正在向微型化发展。人们对于产品小型化、微型化的需求，使得某些具有微纳几何尺度特征元器件，如微型传感器、微电子元件和微型马达等的高精度、低成本加工成为超精密加工亟待解决的问题。探求更微细的加工技术，即超微细加工技术成为下一步的重要研究方向。

（3）向集成化、完整复合加工方向发展，并呈现出加工、检测和补偿一体化的趋势。超精密加工装备正向完整复合加工方向发展，其自身设计既能保证所需的恒温，恒湿和超洁净环境，又能进行车、铣、磨、抛、检测和补偿加工等一系列超精密加工工艺；而且光电检测技术和手段的不断发展也有力地促进了超精密加工技术。

常规材料在某些领域已经满足不了人们的需求，某些线胀系数趋向于零的材料，如陶瓷、环氧树脂和石墨复合材料等，以及具有某些特殊性能的材料，如铁氧体、错合金和纤维增强复合材料等，也成为超精密加工的被加工材料，为此必须研发适用于这些材料的新原理、新方法，以适应现代先进制造业的需求。

4.4 高速加工技术

高速加工（High Speed Machining，HSM）是高速切削加工技术和高性能切削加工技术的统称，指在高速机床上，使用超硬高强材料的刀具，采用较高的切削速度和进给速度达到高材料切除率、高加工精度和加工质量的现代加工技术。高速切削加工技术在航空航天、汽车船舶制造等方面的广泛应用不仅带来了巨大的经济效益，同时也为面向绿色生

① 石文天，刘玉德．先进制造技术[M]．北京：机械工业出版社，2018.

态的可持续制造提供了有力的技术支撑，对于促使我国从制造业大国向制造业强国转型具有重要意义[①]。

4.4.1 高速加工技术特点

高速加工技术作为先进制造技术的一个重要组成部分，是与时俱进、不断发展中的工艺技术，对于其确定的概念目前还没有一个统一的认识。高速切削加工根据不同的切削条件，具有不同的高切削速度范围[②]。

切削速度因不同的工件材料、不同的切削方式而异。一般认为，铝合金超过 1 600 m/min、钢为 700 m/min、铸铁大于 750 m/min 及纤维增强塑料为 2 000 ~9 000 m/min 时即为高速切削加工。不同切削工艺的高速加工切削速度范围为车削 700~ 7 000 m/min、铣削 300~6 000 m/min、钻削 200 ~ 1 100 m/min 及磨削大于 250 m/s 等。

对于铝合金等易切削材料，高速切削主要是以提高加工效率为主。在高速切削机床上，采用较高切削速度和进给速度，可以大幅度提高材料去除率，缩短非切削加工时间，并且可以利用高速切削切削力小、切削热被切屑带走及加工表面质量高的优点，实现易切削材料大批量高效加工。对于高温合金、钛合金等难加工材料，刀具磨损剧烈，刀具材料经常承受不了过高切削速度带来的高温，刀具失效主要取决于刀具材料的热性能，包括刀具熔点、耐热性、抗氧化性、高温力学性能及抗热冲击性能等方面。

与常规切削加工相比，高速切削加工具有下列特点[③]。

（1）切削速度极高，加工效率高。美国航天工业中采用 7 500 m/min 的切削速度铣削铝合金已经比较普遍，山东大学机械工程学院的相关研究已达到 10 000 m/min。高切削速度会使单位时间内材料切除率大大增加，可达到常规切削的 5 ~ 10 倍，甚至更高，大大节省了加工时间；同时由于进给速度较大，可使机床非工作时间大幅缩短，从而极大地提高了机床的生产率。

（2）切削力下降。在切削速度达到一定值后，切削力可降低 30%

① 何宁 . 高速加工理论与应用 [M]. 北京：科学出版社，2010.
② 石文天，刘玉德 . 先进制造技术 [M]. 北京：机械工业出版社，2018.
③ 同上。

以上，尤其是径向切削力的大幅度减少，特别有利于进行薄壁、肋板等刚性较差零件的高速精密加工。

（3）切削热大部分由切屑带走。由于切削速度极高，90%以上的热量来不及传递给工件便由切屑带走，工件热变形小、残余热应力小，特别适合于对热变形要求较高零件的加工。

（4）可实现无振加工，加工表面质量高。高速切削加工机床的激振频率特别高，它远离了机床工艺系统的低阶固有频率范围，工作平稳、振动小，因而加工质量较高，动态特性较好，能加工出表面质量高的零件。例如，采用聚晶立方氮化硼（PCBN）刀具或陶瓷刀具进行高速切削加工淬硬钢，可实现"以切代磨"，省去磨削工序。尤其是在模具加工方面，由于高速切削表面质量较高，可大大减少甚至替代人工修磨抛光的工作量，大幅提高加工效率，降低生产成本。

4.4.2 高速切削加工的关键技术

4.4.2.1 高速主轴

高速主轴是实现高速切削最关键的技术之一。目前普遍采用高频电主轴，多采用内藏电动机式主轴，即机床主轴作为电动机转子，机床主轴壳体为电动机座的主轴结构。电动机的空心转子用压配合的形式直接套装在机床主轴上，定子带有冷却套，安装在主轴单元的壳体中。根据物理学原理，高频电主轴的功率会随转速的增加而降低，微细切削加工中为达到所需的切削速度，主轴转速高达30 000 r/min，其功率也较低，只能进行高转速下的微量切削加工①。

高速主轴的轴承作为回转轴支撑，其高速运转性能及回转精度直接决定了高速主轴的精度。常用的高速主轴用轴承有以下几种②。

（1）滚珠轴承。当前高速切削机床上装备的主轴多数为滚珠轴承电主轴。陶瓷轴承是采用氮化硅陶瓷做滚珠，轴承的内、外圈由轴承钢制成。与钢球相比，陶瓷球密度较小，重量较轻，因而可大幅度地降低离心力；其弹性模量较高，具有更高的刚度而不易变形；摩擦因数小，可减少轴承运转时的摩擦发热，磨损及功率损失。

---

① 高永祥，周纯江．数控高速加工与工艺[M]．北京：机械工业出版社，2013.

② 刘忠伟，邓英剑．先进制造技术[M]．北京：国防工业出版社，2011.

(2)液体静压轴承[①]。液体静压轴承承载力大,其油膜具有很大的阻尼,动态刚度很高,特别适用于断续切削及轴向切削力较大的加工场合。其运动精度很高,回转误差一般在0.2 μm以下,可以达到很高的加工精度和低的表面粗糙度。与滚珠轴承相比,液体静压轴承的液体有摩擦损失,故驱动功率损失比滚珠轴承大。对于粗加工、要求材料切除量大,但对加工表面粗糙度要求不高时,从经济性考虑应优先采用滚珠轴承主轴。在要求加工精度高、表面质量好的情况下,必须采用液体静压轴承[②]。

(3)空气静压轴承。空气静压轴承可进一步提高主轴的转速和回转精度,适用于工件形状精度和表面粗糙度要求高的场合。但是因其承载能力较低,不适用于大量去除材料的场合,使用中需要洁净的压缩空气,耗气量较大,使用费用和维护费用较高。

(4)磁悬浮轴承。具有高精度、高转速和高刚度的优点,但是机械结构复杂,而且需要一整套的传感器系统和控制电路。此外,还必须有很好的冷却系统,因为其主轴部件和线圈都需要散热,如果散热不好,会导致主轴的温升过大,热胀冷缩造成主轴热变形,从而影响工件的加工精度。

4.4.2.2 高速进给系统

高速切削机床具有较高的主轴转速,必须有相匹配的进给速度才能获得最佳的每齿进给量,高速进给系统开始采用常规的滚珠丝杠传动,即采用大导程滚珠丝杠传动和增加伺服进给电动机的转速来实现,进给速度可达60 m/min左右。直线电动机驱动系统的静态特性和结构动态特性主要取决于其位置控制周期,具有短至100 ~ 300 μs的迟滞时间,可实现高的增益系数并获得足够的承载刚度。常规机床最大速度及使用寿命均受到导轨抗摩擦磨损性能,滚珠丝杠驱动及滚珠丝杠临界转速的影响,对于直线电动机机床,导轨经常设计成滚动轨道以提高其抗摩擦、磨损性能。为保证直线电动机稳定运行,避免其主要元器件的电气损耗,必须安装稳定可靠的冷却系统,保持良好的热稳定性;对机床移动部件,为达到最大速度和加速度应采用轻量化设计,在保证刚度的情

---

① 石文天,刘玉德.先进制造技术[M].北京:机械工业出版社,2018.
② 同上。

况下减轻重量[①]。

4.4.2.3 高速切削刀具系统

刀具技术在高速切削加工发展中起了重要的作用，正是由于刀具材料的不断发展，切削加工从低速走向高速；也正是刀具材料的限制，切削难加工材料出现的刀具磨损问题严重制约着加工效率，是其向更高速发展的瓶颈问题[②]。

（1）高速切削刀具材料。刀具材料经历了从碳素工具钢、高速工具钢，硬质合金、涂层刀具到陶瓷、CBN、金刚石刀具等的发展历程，切削速度也从以前的1～10 m/min发展到现在的1 000 m/min，提高了上千倍；现代的刀具材料在硬度、强度、耐磨性，耐热性及化学稳定性的提升与最初使用的切削刀具不可同日而语，其发展对于高速切削速度的提升至关重要。高速切削需要刀具材料在较高温度下依然能够保持良好的强度和硬度，同时还要能够抵抗高温、高压及高速等极端条件下的摩擦磨损。涂层硬质合金材料是目前应用范围最广的高速切削刀具，硬质合金作为刀具基体具有较高的强度、硬度和韧度，根据其切削条件，选用不同的涂层以提高表面硬度、耐磨性、耐蚀性及耐热性等，可基本满足高速切削的需要，有较高的成本优势。目前典型的涂层结构有单涂层、多层涂层、多元涂层、纳米涂层、金刚石涂层和立方氮化硼（CBN）涂层等。TiC和TiN涂层是应用最广的涂层材料，与TiC涂层可达2 500～4 200 HV的高硬度相比，TiN涂层摩擦因数小，应用温度更高，可高达600℃，并且具有更好的耐冲击性能。采用CVD的Al_2O_3涂层材料，其切削性能更优于TiC和TiN涂层，刀具耐用度更高，这是由于Al_2O_3涂层在高温下硬度降低小，具有更好的化学稳定性和高温抗氧化性能。常见的单涂层材料还有CrC、CrN、Cr_2O_3、ZrC、ZrN、BN和VN等。刀具材料的选择一方面应该以经济性为基础，同时考虑刀具工件材料副的力学、物理和化学性能匹配，即合理选择切削刀具和工件之间的硬度差、热性能以及耐化学磨损等性能。

（2）切削刀具连接技术。高速铣削加工中一般采用整体式刀柄刀具或基本刀柄－夹头/接柄－刀具组成，有些将刀座和接头做成一个

① 刘忠伟．先进制造技术[M].2版．北京：国防工业出版社，2007.
② 石文天，刘玉德．先进制造技术[M].北京：机械工业出版社，2018.

整体，提高刀具系统整体刚度、精度、抗震性等。高速切削机床主轴的设计采用两面约束过定位夹持系统，使刀柄不仅在主轴内孔锥面定位，而且断面同时定位，具有很高的接触刚度和重复定位精度，连接可靠牢固。目前广泛采用的有德国 HSK 刀柄、美国 KM 刀柄和日本 NC5 刀柄等，这些刀柄采用锥度为 1∶10 的短锥柄替代原来的 7∶24 刀柄，具有广阔的应用前景①。目前刀柄系统与刀具连接方式有热缩夹头，高精度弹簧夹头及高精度静压膨胀夹头等。热缩刀柄主要利用热胀冷缩原理，刀柄装刀孔与刀具柄部配合使刀具可靠夹紧，这种连接方式结构简单，同心度好，夹紧力大，动平衡和回转精度高。使用时需要特殊的加热设备，使刀柄内径胀大，装刀后冷却夹紧刀具。这种夹紧夹持方式精度高，传递扭矩大，能承受更大的离心力。目前常用的是 ER 夹头，具有较好的同心度和直径，夹紧力大且精度较高，性价比较好，应用广泛，适用于高速切削。高精度强力弹簧夹头可在高达 30 000 ~ 40 000 r/min 的转速下使用，足以满足一般的高速切削需要。液压夹头能够提供较大的夹紧力，且夹紧均匀可靠，具有较高的夹紧精度和重复定位精度，减振能力强，是机械夹头寿命 3 ~ 4 倍，适用于主轴转速为 15 000 ~ 40 000 r/min 的情况。

（3）刀具动平衡技术和磨损。高速切削条件下，由于速度较高，刀具系统的不平衡会产生离心力，造成机床工艺系统的振动，影响切削加工的稳定性，如加剧主轴、主轴轴承之间的磨损，降低工件加工质量，出现振纹等，并会带来安全隐患，所以高速切削刀具的动平衡性能是整个刀具系统优劣的重要指标。目前各国都制定了相应的刀具动平衡标准，但大多数国家借用了刚体旋转体平衡的国际标准 ISO 1940/1 规定的 G40 平衡质量等级，实际上，大多数精密加工刀具的不平衡品质已经达到了 G2.5 级标准，基本可适应主轴转速为 20 000 r/min 的加工条件。如果主轴转速高于 15 000 r/min，建议配备可调节的刀具平衡系统，对刀具动平衡进行调节，如使用平衡调整环、平衡调整螺钉、平衡调整块等去除不平衡量达到平衡的目的。高速切削应尽量选择高质量的刀杆和刀具；减少刀具悬长，选择短而轻的刀具；使用 HSK 刀柄时，定期检查刀具和刀杆的疲劳裂纹和变形等，以尽量避免刀具系统动平衡度差的不利影响。

---

① 何宁．高速加工理论与应用[M]．北京：科学出版社，2010．

在常规切削加工中,刀具磨损量随切削速度的增加而增大,但高速切削加工却远没有那么简单,反而在某些研究中,存在一个适合的切削参数范围,在这一范围内,刀具的磨损量最小。刀具磨损是切削刃上各种因素载荷共同作用的结果,取决于刀具材料、工件材料以及作用在切削刃上的各种载荷,高速切削加工将传统加工中施加于刀具上的静载荷,如机械载荷作用、热作用、化学作用和磨料作用等重新进行了动态调整,改变了载荷的分布和作用强度,使切削刀具磨损特征与传统加工有所区别。刀具磨损通常是作用在刀具上的各种载荷产生的不同类型的磨损机理综合施加作用后叠加起来的整体效果,必须根据实际工况磨损中出现的具体磨损形式进行合理分析研究。合理的润滑和刀具材料选择,以及切削参数的适当调整是减少刀具磨损的有效工艺措施。

4.4.2.4 高速加工冷却润滑技术

高速切削加工产生的高温会使刀具磨损加剧,缩短刀具寿命,必须采用合理的冷却润滑措施,改善摩擦状态,减少磨损。采用环保的可持续发展战略指导下的冷却润滑技术是高速切削技术发展的必由之路,由此涌现了很多新型的技术,如干式切削、微量润滑切削、喷雾切削以及大流量湿式切削等。高速加工冷却润滑技术根据切削介质施加位置不同,可分为外喷式冷却和内喷式冷却切削;根据切削截止作用温度,可分为高温、常温、低温和超低温等冷却切削[①]。

干式切削指切削中不使用任何液体冷却润滑介质的方法,如纯干式切削或者以气体射流为冷却介质的干式切削。干式切削对刀具材料的要求较高,尤其是材料耐热性方面。

微量润滑(MQL)切削是介于干式切削和湿式切削之间的一种新型切削加工方法,其原理是采用微量的切削润滑液,汽化后喷射到加工区域进行有效润滑。该系统可以有效控制切削润滑液的数量,准确喷射到刀具、工件的接触区域,改善其局部摩擦接触情况;气化用的压缩空气还可以吹掉切屑,从而抑制温升,大幅减少切削热的产生。MQL所需的润滑液用量极少,一般为5 ~ 400 mL/h,合理使用后的工件、切屑以及刀具都是干燥的,避免了后期的一系列清洁处理程序,具有无废弃物、节约成本、无污染的环保优势。

---

① 石文天，刘玉德．先进制造技术[M].北京：机械工业出版社，2018.

对于难加工材料以及某些必须采用切削液的场合，湿式切削则采用大量切削液循环使用的方法，达到冲屑、润滑及冷却的作用，短期内还无法替代，但其对于环境的污染不可避免，应开发绿色环保无污染的切削介质替代目前污染严重的切削液。

4.4.2.5 高速加工安全性与监控技术

高速切削加工使得高速机床加工过程危险性大增，以直径为 200 mm 的铝合金刀盘为例，当其以 27 500 r/min 的高转速工作时，刀具破损后，1/4 部分飞出所具有的动能高达 21 kJ，而厚度 5 ~ 12 mm 的普通金属版或者有机玻璃隔板仅能承受 1.3 ~ 7.4 kJ 的能量，剩余能量还将继续对隔离区外的人员或者物品构成巨大威胁。因此，对于高速机床的安全性应在结构设计、安全防护、加工监控及失效保护等方面进行系统研究。

高速铣削中飞出的刀片具有的动能与开枪射击子弹所具有的能量相当，在机床被动防护方面，机床的防护罩必须能够吸收由碰撞物所释放出的巨大能量，使其尽可能地在隔离区内被消耗掉而不传递到防护区外，可采用较厚的聚碳酸酯板或者多夹层的复合材料护板。在主动安全防护方面，高速机床必须对于切削加工中出现的危险信号，如切削力、主轴的径向位移、刀具破损、主轴振动及轴承温度变化等及时进行采集，如发现异常，可改变加工状态或者采取紧急停机等措施减少潜在危险的发生。这些情况需要在线的快速响应监控系统，目前已有的相关主动安全装置集成了传感器、控制器、执行器，是一种可执行在线监控的机电系统[①]。

4.4.3 高速磨削加工的关键技术

高速磨削的主要特点是提高磨削效率和磨削精度。在保持材料切除率不变的前提下，提高磨削速度可以降低单个磨粒的切削厚度，从而降低磨削力，减小磨削工件的形变，易于保证磨削精度；若维持磨削力不变，则可提高进给速度，从而缩短加工时间，提高生产效率。

高速磨削将粗、精加工一同进行。普通磨削时，磨削余量较小，仅用

---

① 石文天，刘玉德．先进制造技术[M]．北京：机械工业出版社，2018.

于精加工，磨削工序前需安排许多粗加工工序，配有不同类型的机床。而高速磨削的材料切除率与车削、铣削相当，可以磨代车、以磨代铣，大幅度地提高生产效率，降低生产成本①。近年来，高速磨削技术发展较快，现已实现在实验室条件下达到 500 m/s 的高速磨削。高速磨削涉及的主要关键技术有如下几个方面。

4.4.3.1 高速主轴

高速磨削主轴必须配备自动在线动平衡系统，以将磨削振动降低最小程度。例如，采用机电式自动动平衡系统，整个系统内置于磨头主轴内，包含有两个电子驱动元件以及两个可在轴上做相对转动的平衡重块。高速磨削时，磨头主轴的功率损失较大，且随转速的提高呈超线性增长。例如，当磨削速度由 80 m/s 提高到 180 m/s 时，主轴的无效功耗从不到 20%迅速增至 90%以上，其中包括空载功耗、冷却液摩擦功耗、冷却冲洗功耗等，其中冷却润滑液所引起的损耗所占比例最大，其原因是提高磨削速度后砂轮与冷却液之间的摩擦急剧加大，将冷却液加速到更高的速度需要消耗大量的能量。因此，在实际生产中，高速磨削速度一般为 100 ~ 200 m/s②。

高速磨床除具有普通磨床的一般功能外，还须具有高动态精度、高阻尼、高抗震性和热稳定性等结构特征。由于该磨床往复频率高，每次往复的磨削量较小，致使磨削力减小，有利于控制工件的尺寸精度，特别适合于高精度薄壁工件的磨削加工。

4.4.3.2 高速磨削砂轮

高速磨削砂轮必须满足：①砂轮基体的机械强度能够承受高速磨削时的磨削力；②磨粒突出高度大，以便能够容纳大量的长切屑；③结合剂具有很高的耐磨性，以减少砂轮的磨损；④磨削安全可靠。

高速磨削砂轮的基体设计必须考虑高转速时离心力的作用，并根据应用场合进行优化。某型经优化后的砂轮基体外形，其腹板为变截面

---

① 庄品，杨春龙，欧阳林寒．现代制造系统 [M].2 版．北京：科学出版社，2017.

② 朱江峰，黎震，刘小群，等．先进制造技术 [M]. 北京：北京理工大学出版社，2007.

的等力矩体，基体中心没有大的安装法兰孔，而是用多个小安装螺孔代替，以充分降低基体在法兰孔附近的应力。

冷却润滑液出口流速对高速磨削的效果有很大的影响。当冷却润滑液出口速度接近砂轮圆周速度时，此时的液流束与砂轮的相对速度接近于零，液流束贴附在砂轮圆周上流动，约占圆周的1/12，就砂轮的冷却与润滑而言，此时的效果最好，而砂轮清洗效果却很小。

4.4.4 高速加工技术的应用

4.4.4.1 航空制造业

航空制造业是最早应用高速切削加工技术，飞机零件中有大量的铝合金零件、薄壁板件和结构梁等，为保证零部件结构强度、抗震性和加工质量，通常由整块铝合金铣削而成，如采用常规铣削加工方法，存在效率低、成本高、交货期长等缺点，高速切削是解决这方面问题的最有效方法，高速切削可以大幅提高生产率，减少刀具磨损，提高加工零件的表面质量；而且对于某些难加工材料，如镍基合金和钛合金等难加工材料，高速切削更适用，如果配以良好的润滑和冷却，避免刀具过度磨损，则可以获得较好的表面质量和切削效果以及较长的刀具寿命[①]。

某航空发动机高温合金涡轮盘零件进行车削加工，工件为GH4169高温合金，直径约500 mm，原有工艺采用硬质合金刀具常规切削，速度为30 m/min左右，改用陶瓷刀具进行约150 m/min的速度切削加工后，效率可提高86% ~ 340%。

4.4.4.2 模具加工

高速切削技术也适用于进行模具加工，模具材料多为高强度、高硬度、耐磨的合金材料，加工难度较大，常规方法采用电火花或者线切割加工，生产率低，采用高速切削加工代替电火花加工技术可有效提高模具开发速度和加工质量。例如，应用高速切削技术加工电极，可以快速加工成形，并且可获得较高的表面质量和加工精度，减少了电极和模具的后续加工，大幅度地降低成本；也可以直接加工淬硬模具，应用高

① 石文天，刘玉德．先进制造技术[M]．北京：机械工业出版社，2018.

速切削加工技术，使用新型超硬刀具材料，可以进行淬硬模具的硬切削加工，其高速切削的材料去除率要优于电火花加工，可以省略电极的制造，并且获得比电火花加工更好的表面质量[①]。

4.4.5 高速加工技术的展望

高速加工技术不但可以大幅度地提高加工效率、加工质量，降低成本，获得巨大的经济效益，还带动了一系列高新技术产业的发展。因此高速切削技术具有强大的生命力和广阔的应用前景。

对于铝及其合金等轻金属和碳纤维塑料等非金属材料，高速加工的速度目前主要受限于机床主轴的最高转速和功率。故在高速加工机床领域，具有小质量、大功率的高转速电主轴、高加速度的快速直线电机和高速高精度的数控系统的新型加工中心将会进一步快速发展。

对于铸铁、钢及其合金和钛及钛合金、高温耐热合金等超级合金以及金属基复合材料的高速加工目前主要受刀具寿命的困扰。现有刀具材料高速切削加工这些类型工件材料的刀具寿命相对较短，特别是加工钢及其合金、淬硬钢和超级合金以及金属基复合材料比较突出，人们希望可能达到的加工这些类型材料的高速加工在实际中还远远没有实现，解决这些问题的关键是刀具材料的发展。

在高速切削加工理论方面，尽管国内外进行了大量卓有成效的研究，取得了丰硕且有价值的成果，但在发展中还有很多理论问题。如高速加工中不同刀具材料与工件材料相匹配时，最高切削温度及其相应的切削速度与刀具寿命之间的关系；高速切削加工过程中，包括机床、刀具、工件和夹具在内的切削加工系统的切削稳定性对刀具寿命的影响；对于不同工件及其毛坯状态，如何正确选择高速切削加工条件等都需要深入研究。

① 艾建军，刘建敏．金工实训[M]. 大连：大连理工大学出版社，2012.

4.5 增材制造技术

材料焊接学家关桥院士提出了“广义”和“狭义”增材制造的概念，“狭义”的增材制造是指不同的能量源与CAD/CAM技术结合、分层累加材料的技术体系；而“广义”的增材制造则以材料累加为基本特征，以直接制造零件为目标的大范畴技术群。“3D打印”（3D Printing）专业术语是“增材制造”（Additive Manufacturing，AM）。其技术内涵是通过数字化增加材料的方式实现结构件的制造，基于离散-堆积原理，采用材料逐渐累加的方法制造实体零件的技术，相对于传统的材料去除-切削加工技术，是一种“自下而上”的制造方法。

自20世纪80年代美国3D Systems公司发明第一台商用光固化增材制造成形机以来，出现了20多种增材制造工艺方法，表4-1列举了运用较广泛的几种制造工艺。早期用于快速原型制造的成熟工艺有光敏液相固化法、叠层实体制造法、选区激光烧结法、熔丝沉积成形法等。近年来，增材制造又出现了不少面向金属零件直接成形的工艺方法以及经济普及型三维打印工艺方法①。

表4-1 增材制造工艺方法

名称	适用材料冬	特征	运用
光固化成形（SLA）	液态树脂	精度高、表面质量好	航空航天、生物医学等
激光选区烧结（SLS）	高分子、金属、陶瓷、砂等粉末材料	成形材料广泛、应用范围广等	制作复杂铸件用熔模或砂芯等
激光选区熔化（SLM）	金属或合金粉末	可直接制造高性能复杂的金属零件	用于航空航天、珠宝首饰、模具等
熔融沉积制造（FDM）	低熔点丝状材料	零件强度高、系统成本低	汽车、工艺品等

① 陈鹏，杨熊炎，熊博文，等.3D打印技术实用教程[M].北京：电子工业出版社，2016.

续表

名称	适用材料冬	特征	运用
激光近净成形（LNSF）	金属粉末	成形效率高、可直接成形金属零件	航空领域
电子束选区熔化（EBSM）	金属粉末	可成形难熔材料	航空航天、医疗、石油化工等
电子束熔丝沉积（EBFFF）	金属丝材	成形速度快、精度不高	航空航天高附加值产品制造
分层实体制造（LOM）	片材	成形速率高、性能不高	用于新产品外形验证
立体喷 EP（3DP）	光敏树脂、黏接剂	喷黏接剂时强度不高、喷头易堵塞	制造业、医学、建筑业等的原型验证

光固化成形法（Stereo Lithography Apparatus，SLA）工艺原理如图4-3所示，液槽内盛有液态光敏树脂，工作平台位于液面之下一个切片层厚度。成形作业时，聚焦后的紫外光束在液面按计算机指令由点到线、由线到面逐点扫描，扫描到的光敏液被固化，未被扫描的仍然是液态树脂。当一个切片层面扫描固化后，升降台带动工作平台下降一个层片厚度距离，在固化后层面上浇注一层新的液态树脂，并用刮平器将树脂刮平，再次进行下一层片的扫描固化，新固化的层片牢固地黏接在上一层片上，如此重复直至整个三维实体零件制作完毕。光固化成形法是最早出现的增材制造工艺，其特点是成形精度好，材料利用率高，可达±0.1mm制造精度，适宜制造形状复杂、特别精细的树脂零件。不足之处是材料昂贵，制造过程中需要设计支撑，加工环境有气味等问题。

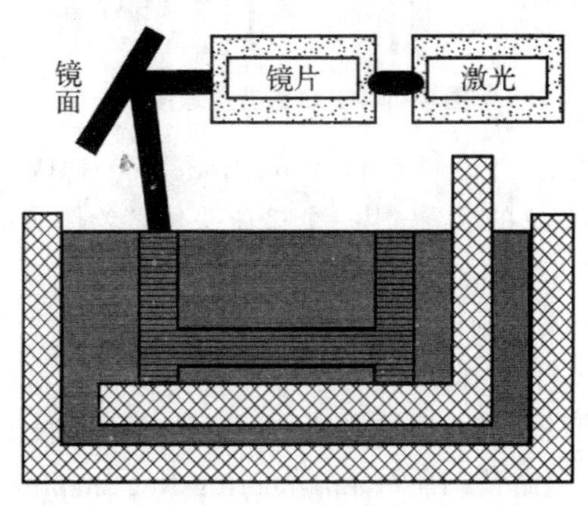

图4-3 SLA工艺原理图

叠层实体制造法（Laminated Object Manufacturing，LOM）是单面带胶的纸材或箔材通过相互黏结形成的。单面涂有热熔胶的纸卷套在供纸辊上，并跨越工作台面缠绕在由伺服电动机驱动的收纸辊上。成形作业时，工作台上升至与纸材接触，热压辊沿纸面滚压，加热纸材背面热熔胶，使纸材底面与工作台面上前一层纸材黏合。

选区激光烧结法（Selective Laser Sintering，SLS）是应用高能量激光束将粉末材料逐层烧结成形的一种工艺方法。如图 4-4 所示，在一个充满惰性气体的密闭室内，先将很薄的一层粉末沉积到成形桶底板上，调整好激光束强度正好能烧结一个切片高度的粉末材料，然后按切片截面数据控制激光束的运动轨迹，对粉末材料进行扫描烧结。这样，激光束按照给定的路径扫描移动后就能将所经过区域的粉末进行烧结，从而生成零件实体的一个个切片层，每一层都是在前一层的顶部进行，这样所烧结的当前层就能够与前一层牢固地黏接，通过层层叠加，去除未烧结粉末，即可得到最终的三维零件实体。SLS 工艺的特点是成形材料广泛，理论上只要将材料制成粉末即可成形。此外，SLS 不需要支撑材料，由粉床充当自然支撑，可成形悬臂、内空等其他工艺难成形的结构。但是 SLS 工艺需要激光器，设备成本较高。

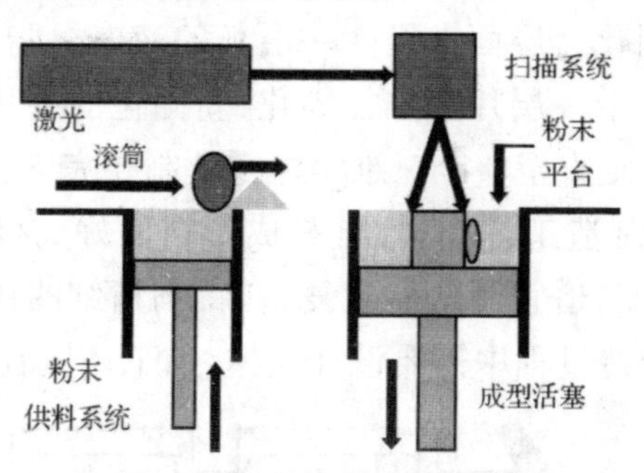

图 4-4　SLS 工艺原理图

熔丝沉积成形法（Fused Deposition Modeling，FDM）使用一个外观很像二维平面绘图仪的装置，用一个挤压头代替绘图仪的笔头，通过挤出一束非常细的热熔塑料丝来成形。FDM 也是从底层开始，一层层堆积，完成一个三维实体的成形过程。FDM 工艺无须激光系统，设备组成简单，其成本及运行费用较低，易于推广但需要支撑材料，此外成形材料的限制较大。目前，真正直接制造金属零件的增材制造技术有基于同轴送粉的激光近形制造（Laser Engineering Net Shaping，LENS）、基于粉末床的选择性激光熔化(Selective Laser Melting, SLM)以及电子束熔化技术(Electron Beam Melting, EBM)等。

LENS不同于SLS工艺,不采用铺粉烧结,而是采用与激光束同轴的喷粉送料方法,将金属粉末送入激光束产生的熔池中熔化,通过数控工作台的移动逐点逐线地进行激光熔覆,以获得一个熔覆截面层,通过逐层熔覆最终得到一个二维的金属零件。这种在惰性气体保护之下,通过激光束熔化喷嘴输送的金属液流,逐层熔覆堆积得到的金属制件,其组织致密,具有明显的快速熔凝特征,力学性能很高,达到甚至超过锻件性能。

SLM工艺是利用高能束激光熔化预先铺设在粉床上的薄层粉末,逐层熔化堆积成形。该工艺过程与SLS类似,不同点是前者金属粉末在成形过程中发生完全冶金熔化,而后者仅为烧结,并非完全熔化。为了保证金属粉末材料的快速熔化, SLM采用较高功率密度的激光器,光斑聚焦到几十微米到几百微米。成形的金属零件接近全致密,强度达到锻件水平。与LENS技术相比, SLM成形精度较高,可达0.1 ~ 100 mm,适合制造尺寸较小、结构形状复杂的零件。但该工艺成形效率较低,可重复性及可靠性有待进一步优化。

EBM与SLM工艺成形原理基本相似,主要差别在于热源不同,前者为电子束,后者为激光束。EBM技术的成形室必须为高真空,才能保证设备正常工作,这使EBM系统复杂度增大。由于EBM以电子束为热源,金属材料对其几乎没有反射,能量吸收率大幅提高。在真空环境下,熔化后材料的润湿性大大增强,熔池之间、层与层之间的冶金结合强度加大。但是,EBM技术存在需要预热问题,成形效率低。

三维打印技术(Three-dimensional Priming,3DP)的工作原理类似于喷墨打印机,其核心部分为打印系统,由若干细小喷嘴组成。不过3DP喷嘴喷出的不是墨水,而是黏结剂、液态光敏树脂、熔融塑料等。

黏接型3DP采用粉末材料成形通过喷头在材料粉末表面喷射出的黏结剂进行黏结成形,打印出零件的一个个截面层,然后工作台下降,铺下一层新粉,再由喷嘴在零件新截面层按形状要求喷射黏结剂,不仅使新截面层内的粉末相互黏结,同时还与上一层零件实体黏结,如此反复直至制件成形完毕。

光敏固化型3DP工艺的打印头喷出的是液态光敏树脂,利用紫外光对其进行固化。类似于行式打印机,打印头沿导轨移动,根据当前切片层的轮廓信息精确、迅速地喷射出一层极薄的光敏树脂，同时使用喷头架上的紫外光照射使当前截面层快速固化。每打印完一层，升降工作台精确下降一层高度，再次进行下一层打印，直至成形结束。

熔融涂覆型3DP工艺即为熔丝沉积成形工艺。成形材料为热塑性材料，包括蜡、ABS、尼龙等，以丝材供料，丝料在喷头内被加热熔化。喷头按零件截面轮廓填充涂覆，熔融材料迅速凝固，并与周围材料凝结。

增材制造技术以其制造原理的优势成为具有巨大发展潜力的制造技术。然而，就目前技术而言还存在如下的局限。

生产效率的局限。增材制造技术虽然不受形状复杂程度的限制，但由于采用分层堆积成形的工艺方法，与传统批量生产工艺相比，成形效率较低，例如目前金属材料成形效率为100 ~ 3 000 g/h，致使生产成本过高。

制造精度的局限。与传统的切削加工技术相比，增材制造技术无论是尺寸精度还是表面质量上都还有较大差距，目前精度仅能控制在±0.1 mm左右。

材料范围的局限。目前可用于增材制造的材料不超过100种，而在工业实际应用中的工程材料可能已经超过了10 000种，且增材制造材料的物理性能尚有待于提高。

增材制造技术在迈向低成本、高精度、多材料方面还有很长的路要走。但可坚信，增材制造利用制造原理上的巨大优势，与传统制造技术进行优选、集成，与产品创新相结合，必将获得更加广泛的工业应用。

4.6 微纳制造技术

微纳制造技术指尺度为毫米、微米和纳米量级零件，以及由这些零件构成的部件或系统的优化设计、加工、组装、系统集成与应用技术。微纳制造以批量化制造，结构尺寸跨越纳米至毫米级，包括三维和准三维可动结构加工为特征，解决尺寸跨度大、批量化制造和个性化制造交叉、平面结构和立体结构共存、加工材料多种多样等问题，突出特点是通过批量制造降低生产成本，提高产品的一致性、可靠性。

4.6.1 微纳制造工艺概述

机械微加工技术主要针对微小零件的制造，是用小机床加工小零件，具有体积小、能耗低、生产灵活、效率高等特点，是加工非硅材料（如金属、陶瓷等）微小零件的最有效加工方法。机械微加工除了微切削加工外，还可采用精微特种加工技术来实现，比如电火花加工工艺、微模具压制工艺①。

光刻工艺技术。光刻加工又称为照相平板印刷，是加工制作半导体结构及集成电路微图形结构的关键工艺技术，是微细制造领域应用较早并仍被广泛采用的一类微制造技术。光刻加工原理与印刷技术中的照相制版类似，在硅（Si）半导体基体材料上涂覆光致抗蚀剂，然后利用紫外光束等通过掩膜对光致抗蚀剂层进行曝光，经显影后在抗蚀剂层获得与掩膜图形相同的极微细的几何图形，再经刻蚀等方法，便在Si基材上制造出微型结构。典型的光刻加工工艺过程：氧化→涂胶→曝光→显影→刻蚀→去胶→扩散。

牺牲层工艺技术。牺牲层工艺是制作各种微腔和微桥结构的重要工艺手段，是通过腐蚀去除结构件下面的牺牲层材料而获得的一个个空腔结构。制作双固定多晶硅微桥的牺牲层工艺为：首先是在硅基片上沉淀 SiO_2 或磷玻璃作为牺牲层，并将牺牲层腐蚀成所需图案形状，其作用是为后面工序提供临时支撑，牺牲层厚度一般为 1 ~ 29 μm。在牺牲层上面，沉淀多晶硅作为结构层材料，并光刻成所需形状。腐蚀去除牺牲层，就得到分离的微桥结构。

LIGA 技术。LIGA 技术是集光刻、电铸成形和微注射三种技术为一体的三维众体微细加工的复合技术。该工艺方法可制造最大高度为 1 000 μm 的微小零件，加工精度达 0.1 μm，可以批量生产多种不同材料的各种微器件，包括微轴类零件、微齿轮、微传感器、微执行器、微光电元件等。LIGA 技术的工艺过程：同步辐射曝光→显影→电铸→去胶成模→模具注塑→去模制成零件。

纳制造工艺技术。所谓纳制造，就是通过各种手段来制备具有纳米尺度的微纳器件或微纳结构。显微镜（Scallling Probe Microscope，

① 张辉，杨林初．先进制造技术 概念与实践[M]．镇江：江苏大学出版社，2016.

SPM)是当前进行纳制造的一种重要工具手段,包括扫描隧道显微镜、原子力显微镜、激光力显微镜、静电力显微镜,扫描探针等。

4.6.2 微纳制造关键技术

随着微纳制造基础科学问题的研究不断深化,涉及的尺度从宏观向介观、微观、纳观扩展,参数由常规向超常或极端发展,以及从宏观和微观两个方向向微米和纳米尺度领域过渡及相互耦合,结构维度由 2D 向 3D 发展,制造对象与过程涉及纳 / 微 / 宏跨尺度,尺度与界面 / 表面效应占主导作用。微纳制造涉及光、机、电、磁、生物等多学科交叉,需要对多介质场、多场耦合进行综合研究。由于微纳器件向更小尺度、更高功效方向发展以及材料的多样性,材料可加工性、测量与表征性成为重要的关键问题[①]。

(1)微纳设计技术。随着微纳技术应用领域的不断扩展,器件与结构的特征尺寸从微米尺度向纳米尺度发展,金属材料、聚合物材料和玻璃等非硅材料在微纳制造中得到了越来越多的应用,多域耦合建模与仿真的相关理论与方法、跨微纳尺度的理论和方法、非硅材料在微纳尺度下的结构或机构设计问题以及与物理、化学、生命科学、电子工程等学科的交叉问题成为微纳设计理论与方法的重要研究方向。

(2)微纳设计平台。集成版图设计、器件结构设计和性能仿真、工艺设计和仿真、工艺和结构数据库等在内的微纳设计平台;微纳设计平台和 AUTOCAD、ANSYS 等其他技术平台的数据交换技术等。

(3)微纳器件和系统可靠性。微纳器件可靠性设计技术、微纳器件质量评价和认证技术、典型可靠性测试结构技术等。

(4)复杂结构的设计。多材料、跨尺度、复杂三维结构的设计和仿真技术;与制造系统集成的微纳制造设计工具。

(5)微纳加工技术。低成本、规模化、集成化以及非硅加工是微加工的重要发展趋势。目前从规模集成向功能集成方向发展,集成加工技术正由二维向准三维过渡,三维集成加工技术将使系统的体积和重量减少 1 ~ 2 个数量级,提高互连效率及带宽,提高制造效率和可靠性。非硅微加工技术扩展了 MEMS 的材料,通过硅与非硅材料混合集成加工

---

① 雒建斌.机械工程学科发展战略报告 2011—2020[M].北京:科学出版社,2010.

技术的研究和开发，将制备出含有金属、塑料、陶瓷或硅微结构，并与集成电路一体化的微传感器和执行器。针对汽车、能源、信息等产业以及医疗与健康、环境与安全等领域对高性能微纳器件与系统的需求以及集成化、高性能等特点，重点研究微结构与 IC、硅与非硅混合集成加工及三维集成等集成加工，MEMS 非硅加工，生物相容加工，大规模加工及系统集成制造等微加工技术。

纳米加工就是通过大规模平行过程和自组装方式，集成具有从纳米到微米尺度的功能器件和系统，实现对功能性纳米产品的可控生产。目前被认同的批量化纳米制造技术主要集中在纳米压印技术、纳米生长技术、特种 LIGA 技术、纳米自组装技术等领域。针对纳米压印技术、纳米生长技术、特种 LIGA 技术、纳米自组装技术等纳米加工技术，研究纳米结构成形过程中的动态尺度效应、纳米结构制造的多场诱导、纳米仿生加工等基础理论与关键技术，形成实用化纳米加工方法①。

（7）微纳复合加工。随着微加工技术的不断完善和纳米加工技术与纳米材料科学与技术的发展，发挥微加工、纳米加工和纳米材料的各自特点，出现了纳米加工与微加工结合的自上而下的微纳复合加工和纳米材料与微加工结合的自下而上的微纳复合加工等方法，是微纳制造领域的重要发展方向，重点研究“自上而下”的微纳复合加工、纳米材料与微加工结合“自下而上”的纳微复合加工和从纳米到毫米的多尺度结合等微纳复合加工技术。

（8）微纳操作、装配与封装技术。针对微机电系统的组装、纳米互连和生物粒子等操作，需要研究基于单场或多场和尺度效应的高精度、高通量、低成本和多维操纵技术。由于微纳结构、器件和系统的多样性，利用不同材料和加工方法制作的、不同功能、不同尺度的多芯片的集成封装最具代表性，是实现光、机、电、生物、化学等复杂微纳系统的重要技术，跨尺度集成是微纳制造中的关键问题之一。重点研究基于单场或多场和尺度效应的高精度、高通量、低成本和多维操纵方法与关键技术。由于在微纳尺度下进行装配，精密定位与对准、黏滞力与重力的控制、速度与效率等面临挑战，因此高速、高精度、并行装配技术成为未来的发展方向。微纳器件或系统的封装成本往往约占整个成本的 70%，高性能键合技术、真空封装技术、气密封装技术、封装材料、封装的热性

① 本社．中国机械工程技术路线图 [M]. 北京：中国科学技术出版社，2011.

能、机械性能、电磁性能等引起的可靠性等技术是微纳器件与系统制造的“瓶颈技术”[①]。

（9）微纳测试与表征技术。特征尺寸和表面形貌等几何参数的测量；表面力学量及结构机械性能的测量；含有可动机械部件的微纳系统动态机械性能测试；微纳制造工艺的实时在线测试方法和微纳器件质量快速检测等是微纳测试与表征领域的重要问题。微纳测试与表征技术正朝着从二维到三维、从表面到内部、从静态到动态、从单参量到多参量耦合、从封装前到封装后的方向发展。探索新的测量原理、测试方法和表征技术，发展微纳制造实时在线测试方法和微纳器件质量快速检测系统已成为微纳测试与表征的主要发展趋势。重点研究微纳结构中几何参量、动态特性、力学参数与工艺过程特征参数等微纳测试与表征原理和方法，大范围和高精度的微纳三维空间坐标测量、圆片级加工质量的在线测试与表征、微纳机械力学特性在线测试等微纳制造过程检测技术与装备，微纳结构、器件与系统的可靠性测量与评价技术等。

（10）微纳器件与系统技术。工业与生产、医疗与健康、环境与安全等工业与民生科技领域是微纳器件和系统的重要应用领域，批量化、高性能以及与纳米与生物技术结合是微纳器件与系统的重点和前沿发展方向。利用和结合多种物理、化学、生物原理的新器件和系统；超高灵敏度和多功能高密度的微纳尺度及跨尺度器件和系统将是发展的主流方向。微纳器件与系统由于具有微型化、高性能、低成本、批量化的特点，在汽车、石油、航空航天等国民经济支柱行业以及医疗、健康、环境、安全等民生科技领域具有广阔的应用前景，并将催生出许多新兴产业。

4.6.3 微纳制造技术的应用

微纳器件及系统因其微型化、批量化、成本低的鲜明特点，对现代生产、生活产生巨大的促进作用，为相关传统产业升级实现跨越式发展提供了机遇，并催生了一批新兴产业，成为全世界增长最快的产业之一。在汽车、石化、通信等行业得到了广泛应用，目前向环境与安全、医疗与健康等领域迅速扩展，并在新能源装备，半导体照明工程，柔性电子、光

---

① 本社．中国机械工程技术路线图[M]．北京：中国科学技术出版社，2011．

电子等信息器件方面具有重要的应用前景[①]。

（1）汽车电子与消费电子产品。我国已成为全球第三大汽车制造国，2010年中国汽车年产量达到1 826.5万辆，2020年已超过2 000万辆。目前一辆中档汽车上应用的传感器约40个，豪华汽车则超过200个，其中MEMS陀螺仪、加速度计、压力传感器、空气流量计等MEMS传感器约占20%。中国是世界上最大的手机、玩具等消费类电子产品的生产国和消费国，微麦克风、射频滤波器、压力计和加速度计等MEMS器件已开始大量应用，具有巨大的市场。

（2）新能源产业。用碳纳米管材料制造燃料电池可使得表面化学反应面积产生质的飞跃，大幅度提高燃料电池的能量转换效率，需要解决纳米材料（如碳纳米管）的低成本、大批量制造以及跨尺度集成等制造技术。光伏市场正在以年均30%左右的速度增长。早在2010年我国太阳能电池组件产量上升到10 GW，占世界产量的45%，并连续四年太阳能电池产量占世界第一。物理学研究表明，太阳电池能量转换效率的理论极限在70%以上，太阳能电池的表面减反结构是影响转换效率的重要因素，需要研究新型太阳能电池材料、太阳能电池功能微结构设计与制造等方面的基础理论、新原理和新方法。

（3）新型信息与光电器件。柔性电子是建立在以非结晶硅、低温多晶硅、柔性基板、有机和无机半导体材料等基础上的新型电子技术。柔性电子可实现在任意形貌、柔性衬底上的大规模集成，改变传统集成电路的制造方法。据预测，柔性电子产能2025年达到3 000亿美元。制造技术直接关系到柔性电子产业的发展，目前待解决的技术问题包括有机、无机电路与有机基板的连接和技术，精微制动技术，跨尺度互联技术，需要全新的制造原理和制造工艺。21世纪光电子信息技术的发展将遵从新的“摩尔定律”，即光纤通信的传输带宽平均每9 ~ 12个月增加一倍。据预测，未来10 ~ 15年内光通信网络的商用传输速率将达到40 Tb/s，基于阵列波导光栅（集成光路）的集成光电子技术已成为支撑和引领下一代光通信技术发展的方向。

（4）民生科技产业。目前全国县级以上医院使用的医疗检测仪器几乎完全进口，大部分农村基层医院、卫生站缺少基本的医疗检测仪

① 中国工程科技中长期发展战略研究项目组．中国工程科技中长期发展战略研究[M]．北京：中国科学技术出版社，2015.

器。基于微纳制造技术的高性能、低成本、微小型医疗仪器具有广泛的应用和明确的产业化前景。我国约有盲人500万、听力语言残疾人2 700余万,基于微纳制造技术研究开发视觉假体和人工耳蜗,是使盲人和失聪人员重建光明、回到有声世界的有效途径。

随着经济建设的快速发展,工业生产和城市生活引起的环境污染十分严重,生产和生活中的安全事故隐患十分突出,环境与安全问题已成为我国社会发展的战略任务,如大气、水源、工业排放的监测,化工、煤矿、食品等行业的生产安全与质量监测等,用于环境与安全监测的微纳传感器与系统成为重要的发展方向和应用领域。

第5章　先进制造生产模式

快速地制造出市场需求的物美价廉的产品，不仅取决于产品设计能力、先进制造技术和装备，还取决于企业的营运策略和管理水平。现代市场竞争机制和计算机科学与信息处理技术的发展，推动了工商管理学科的发展，并使其与先进制造技术融合，创造出了一些先进生产模式。

5.1　概　述

制造模式(manufacturing mode)是指企业体制、经营、管理、生产组织和技术系统的形态和运作的模式。制造模式可以理解为“制造系统实现生产的典型方式”。制造模式与管理的区别是：制造模式是制造系统某些特性的集中体现，也是制造企业所有管理方法与工程技术融合的结晶。管理是一门学科，也是企业界的一项职能。制造模式是表征制造企业管理方式和技术形态的一种状态，而管理是面向一切组织的一种过程。

制造模式具有鲜明的时代性。先进制造模式是在传统的制造模式发展、深化和逐步创新的过程中形成的。工业化时代的福特大批量生产模式是以提供廉价的产品为主要目的的；信息化时代的柔性生产模式、精益生产模式、敏捷制造模式等是以快速满足顾客的多样化需求为主要目的的；未来发展趋势是知识化时代的绿色制造生产模式，它是以有利于环境保护、减少能源消耗为主要目的的。在传统制造技术逐步向现代高新技术发展、渗透、交汇和演变，形成先进制造技术的同时，出现了一系列先进制造模式，如柔性生产模式、计算机集成制造模式、智能制造模式、精益生产模式、敏捷制造模式、虚拟制造模式、极端制造模式、绿色制造模式等[①]。本章选择其中的几种制造模式进行介绍。

5.2 计算机集成制造系统

1973 年美国的一篇博士论文提出了计算机集成制造(Computer Integrated Manufacturing, CIM)的制造哲理,主张用计算机网络和数据库技术将生产的全过程集成起来,以便有效地协调并提高企业对市场需求的响应能力和劳动生产率,增强企业的竞争和生存能力并获得最大经济效益。CIM 哲理很快被制造业接受,并演变成一种可以实际操作的先进生产模式——计算机集成制造系统(CIMS)[②]。

系统集成优化是 CIMS 技术与应用的核心技术,因此认为可将 CIMS 技术的发展从系统集成优化发展的角度来划分为三个阶段:信息集成、过程集成、企业集成(图 5-1),其中两两之间前者均为后者的基础,同时,这三类集成技术也还在不断发展之中。并由此产生了并行工程、敏捷制造、虚拟制造等新的生产模式。

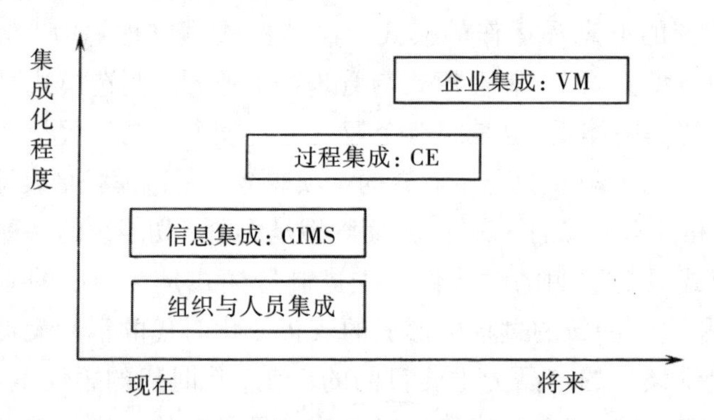

图 5-1 CIMS 发展的阶段

CIMS 未来的发展方向如图 5-2 所示。

① 任小中,康红艳,许惠丽,等.机械制造技术基础[M].2 版.北京:科学出版社,2016.

② 李保元,彭彦,刘垚.现代机械制造工艺学原理及应用研究[M].北京:中国水利水电出版社,2015.

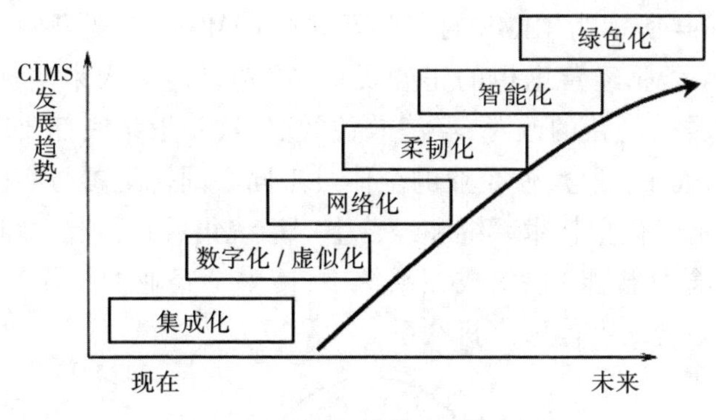

图 5-2 CIMS 未来的发展方向

计算机集成制造的突出特点是:强调制造过程的整体性,将需求分析、销售和服务等都纳入了制造系统范畴,充分面向市场和用户;计算机辅助手段提高了产品研制和生产能力,加速了产品的更新换代;物流集成提高了制造过程的柔性设备利用率和生产率;信息集成促进了经营决策与生产管理的科学化等。

5.2.1CIMS 的功能及要素

一般的 CIMS 系统是由管理信息系统、技术信息系统、制造自动化系统、质量保证系统四个分系统以及计算机通信网络系统和数据库系统两个支撑系统组成的。相互关系如图 5-3 所示。

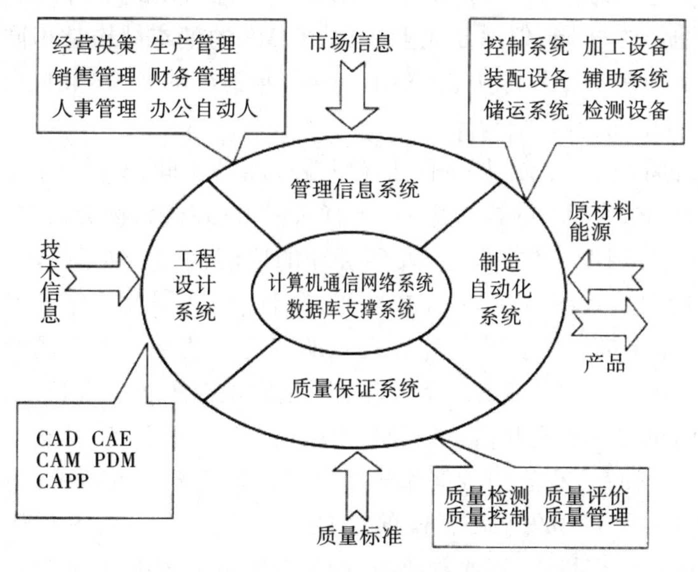

图 5-3 CIMS 功能组成

如图 5-4 所示为 CIMS 的三要素。在 CIMS 的三要素中,人的作用最为关键。企业经营思想的正确贯彻,首先要通过人来实现;先进技术作用的发挥,经营的改善,经济效益的取得,归根结底都要取决于人。正确认识 CIM 的理念,使企业的全体员工同心同德地参与实施,设置合适。CIMS 不仅仅把技术系统和经营生产系统集成在一起,而且把人(人的思想、理念及智能)也集成在系统中,使整个企业的工作流程保持通畅,企业各系统之间能够有机联系。

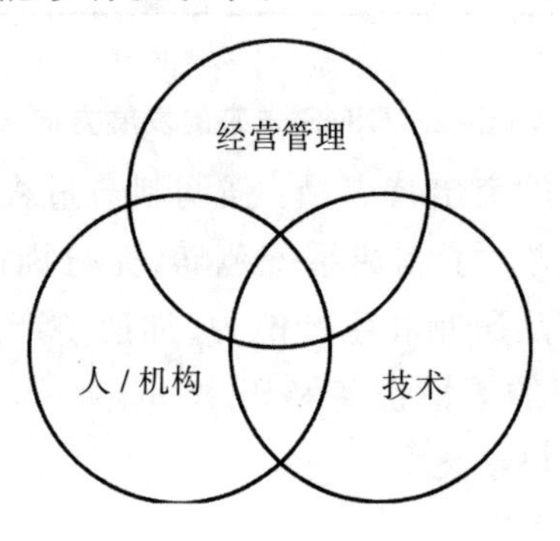

图 5-4　CIMS 的三要素

5.2.2CIMS 的理想结构

由于企业的类型、功能和规模不同,生产经营模式不同, CIMS 的具体结构也不尽相同,但对于企业来说, CIMS 的基本结构是相同的。这里引用美国制造工程师协会(SME)1993 年提出的 CIMS 轮图(图 5-5)来说明 CIMS 的基本结构。

众所周知,一个制造厂不仅有制造产品的车间,有从事产品设计、工艺设计、质量管理的技术部门,还有从事市场营销、物资采购与保管、生产规划与调度、财务管理、人事管理的职能部门。如果车间已经采用了柔性制造系统(FMS),如果技术部门已经采用了计算机辅助设计(CAD)、计算机辅助设计 - 计算机辅助编制工艺 - 计算机辅助制造一体化(CAD/CAPP/CAM)、计算机辅助质量管理(CAQM)等技术,如果各职能部门也将计算机和信息处理技术应用到了每个环节,那么如果借助局部网络(LAN)和公用数据库将整个工厂连成图 5-6 所示的整体,工厂就成为一个自动化水平很高的 CIMS。当然,这种 CIMS 需要很大的技术支撑和资金投入,否则很难有效地实施,只是 CIM 制造哲理的一个理想目标①。

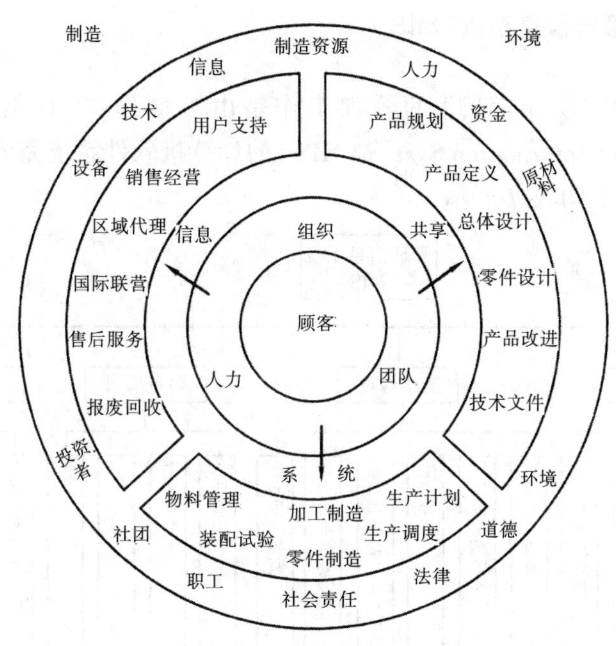

图 5-5　CIMS 轮图

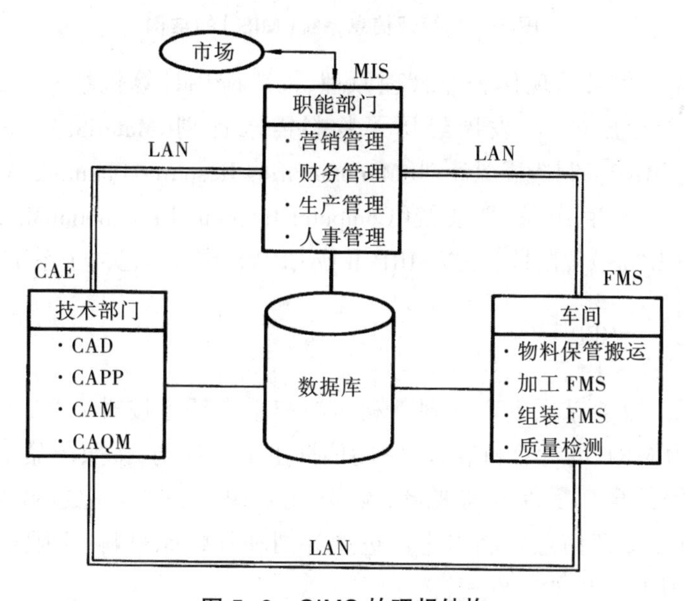

图 5-6　CIMS 的理想结构

① 李保元，彭彦，刘垚．现代机械制造工艺学原理及应用研究[M]．北京：中国水利水电出版社，2015.

5.2.3 管理信息系统(MIS)

CIMS中“职能部门”的管理工作是由被称作“管理信息系统”(Management Information System, MIS)的计算机软件系统完成的,其基本功能结构如图5-7所示。

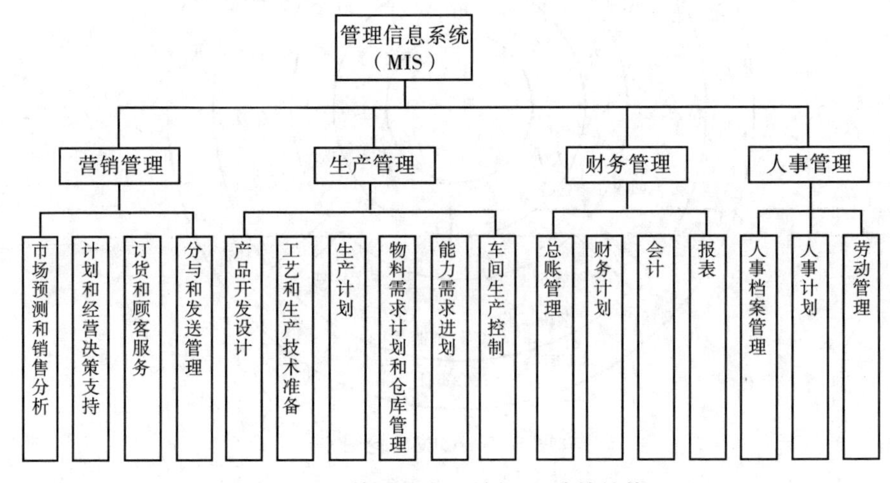

图5-7 管理信息系统(MIS)的结构

MIS是在采用现代企业管理原理、推广应用计算机技术的过程中,逐步完善形成的,其发展经历了物料需求计划(Material Requirements Planning, MRP)、制造资源计划(Manufacturing Resource Planning, MRP Ⅱ)、计算机集成生产管理系统(Computer Integrated ProductionManagement System, CIPMS)等阶段,并以MRP Ⅱ或CIPMS作为自己的子系统①。

5.2.3.1 MRP

早期,为了保证生产计划顺利实施和生产任务按时完成,人们开发出了名为MRP的计算机软件,它能依据主生产计划,按照产品结构逐步分解求得其全部零件的需要量、投料(或采购)日期与完成(或交货)日期,并对照库存信息编制出生产进度计划和外购原材料、零配件的采购计划。MRP输出的文件有:

① 张福润,徐鸿本,刘延林.机械制造技术基础[M].2版.武汉:华中科技大学出版社,2000.

（1）计划生产的订货通知单；

（2）未来计划预发放的订单报告；

（3）因变更订货交付期而重新安排生产进度的通知；

（4）因改变主生产计划而取消订货的通知；

（5）库存状态报告。

MRP虽然从理论上能保证实现最小库存量，且使生产按时获得足够的物料，但实际运行中，由于没有考虑工厂完成生产计划和市场提供物料的现实能力，因此并未达到理想的效果①。

5.2.3.2 MRP Ⅱ

在不断改进完善MRP的基础上，人们开发出了制造资源计划（MRP Ⅱ）。MRP Ⅱ是一种商品化的软件，在制造业中得到了推广应用。它增强了工厂的现代生产管理能力，其基本结构如图5-8所示。从MRP Ⅱ的结构图可以看出，为了克服MRP的不足，MRP Ⅱ增加了能力需求计划、生产活动控制、采购和物料管理、成本和经济核算等功能模块，其核心是MRP和能力需求计划（Capacity Requirements Planning，CRP）。MRP Ⅱ计算出为完成生产计划对设备和人力的需求量、设备的负荷量，进而推算出工厂的实际生产能力。MRP Ⅱ还能根据MRP的输出和库存管理策略编制物料请购计划。因此，当工厂生产能力和物料供应能力不能满足主生产计划的要求时，MRP Ⅱ能及时采取相应的平衡措施，或者调整作业计划②。

5.2.3.3 CIPMS

MRP Ⅱ的作用范围涉及生产管理的各个基本环节，已经是将这些环节的信息集成为一体的企业生产经营管理计划系统。人们把人工智能等技术引进到MRP Ⅱ，使其具有系统高层的决策支持功能，将现代经济理论引进到MRP Ⅱ，使其输出优化。以MRP Ⅱ为基础的这类开发工作，使MRP Ⅱ发展成为计算机集成生产管理系统（CIPMS）（图5-9）。

① 赵长发．机械制造工艺学[M]．哈尔滨：哈尔滨工程大学出版社，2002.

② 张福润，徐鸿本，刘延林．机械制造技术基础[M]．2版．武汉：华中科技大学出版社，2000.

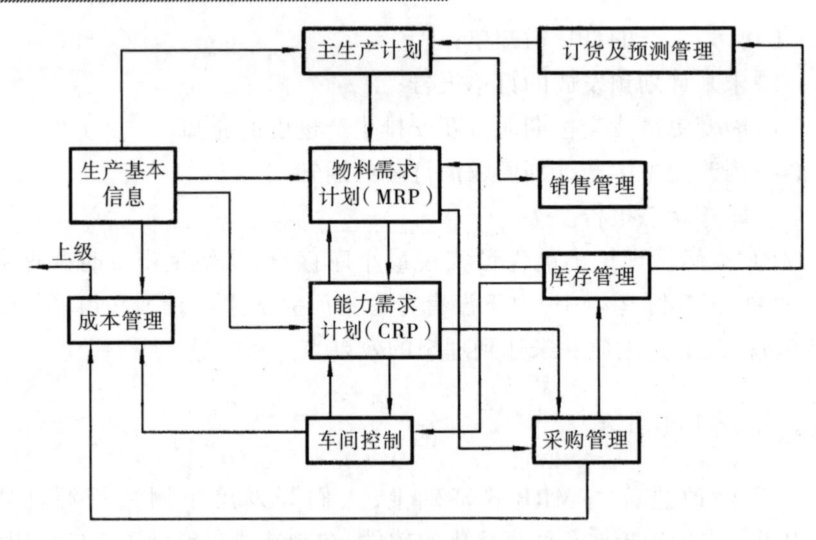

图 5-8　制造资源计划(MRP Ⅱ)的基本结构

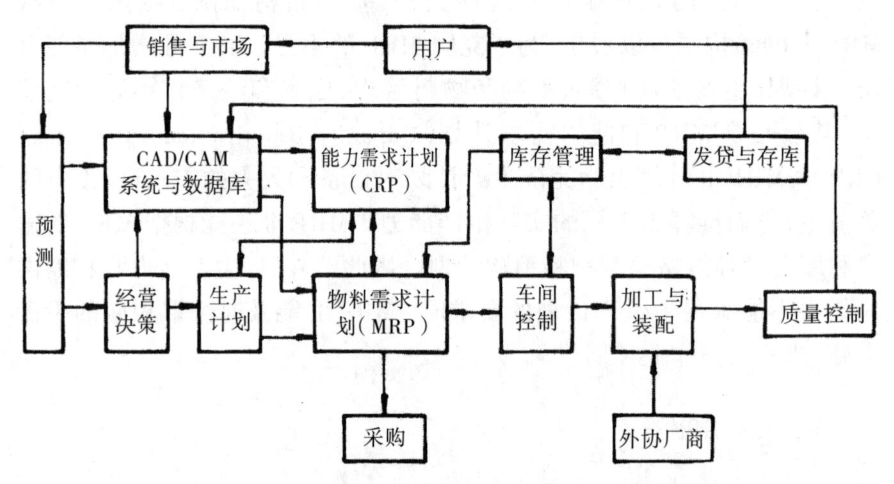

图 5-9　计算机集成生产管理系统(CIPMS)的结构

5.3　敏捷制造

1991 年向美国国会提交的一份研究报告首次提出了敏捷制造(Agile Manufacturing, AM)的思想。这项由里海大学牵头,有 100 多个单位(以美国 13 家大公司为主)参加的研究计划,在广泛调查研究中发现了一个重要而普遍的现象,即企业营运环境的变化速度超过了企业自身的调整速度。面对突然出现的市场机遇，虽然有些企业是因认识迟钝而失利，但有些企业已看到了新机遇的曙光，只是由于不能完成相应调整而痛失良机。为了向企业界描述这种市场竞争新特征，指明一种制造策略的本质，在讨论达成共识的基础上，找出了“Agility”（敏捷）这个单词①。

敏捷制造生产模式一经公开后，立即受到世界各国的关注和重视。如图5-10所示为敏捷制造概念示意图。

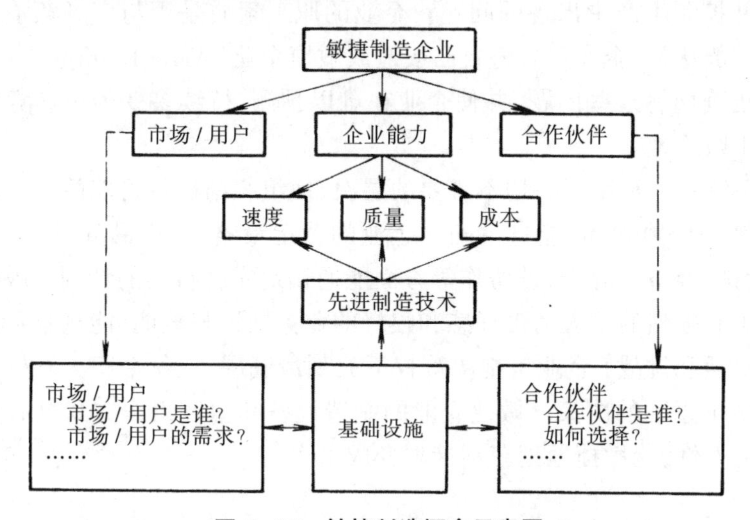

图5-10 敏捷制造概念示意图

5.3.1 制造的敏捷性

敏捷制造又被译为灵捷制造。何谓制造的敏捷性（Agility）？Agility思想的主要创始人Rick Dove认为，敏捷性是指企业快速调整自己以适应当今市场持续多变的能力。他还认为，制造的敏捷性可以表现为随动和拖动两种形式，即：敏捷性意味着企业以任何方式来高速、低耗地完成它需要的任何调整；同时，敏捷性还意味着高的开拓、创新能力，企业可以依靠其不断开拓创新来引导市场、赢得竞争。

制造的敏捷性不主张借助大规模的技术改造来刚性地扩充企业的生产能力，不主张构造拥有一切生产要素、独霸市场的巨型公司，制造

① 张福润.机械制造技术基础[M].武汉：华中理工大学出版社，1999.

的敏捷性提出了一种在市场竞争中获利的清新思路[①]。

5.3.2 敏捷企业

在市场竞争中企业要回答许多问题，如：某个新思想变成一种新产品的设计周期有多长？一项新产品的建议需要经过多少批示才能实施？为了生产新产品，企业能以多快速度完成调整？能否随时掌握生产进度并控制生产中出现的问题？企业的职工素质是否与市场竞争相适应？一般认为，企业只有将自己改造成敏捷企业（Agile Enterprise，AE）才能正确回答这些问题，并使企业在难以预测、持续多变的市场竞争中立于不败之地。

敏捷企业精简了一切不必要的层次，使组织结构尽可能简化。敏捷企业是一个独立体，能自主确立企业的营运策略，在产品开发、生产组织、营销、经济核算、对外协作等方面能通畅地实施自己的计划。敏捷企业职工有强烈的主人翁责任感和很好的业务知识与技能，能从容不迫地迎接机遇和挑战；企业也把决策权下放到最底层，让每个职工有权对其工作做出正确的决策。敏捷企业的制造设备和生产组织方式具有更加广义的柔性，能敏捷地把获利计划变成事实[②]。

5.3.2.1 敏捷化设计的十准则

RRS 结构可以用来判断一个企业是否敏捷。RRS 是指企业的诸生产要素可重构（Reconfigurable）、可重用（Reusable）和可扩展（Scalable）。RRS 结构进一步细化，则成为以下敏捷化设计的十准则。

（1）组成系统的各子系统是封装模块。模块内部结构和工作机理不必为外界认知，这一性质称为封装。该准则强调子系统的独立性和功能完整。

对生产企业来说，设计、加工、装配、销售等部门都可成为封装模块。对制造环节来说，物料搬运设备、数控机床、夹具都可成为封装模块。此外，一个 FMC 或 FMS 也可划作一个封装模块。

（2）系统具有兼容性。该准则强调，组成系统的各子系统应该采用

① 张福润，徐鸿本，刘延林．机械制造技术基础［M］．2 版．武汉：华中科技大学出版社，2000.

② 张福润．机械制造技术基础［M］．武汉：华中理工大学出版社，1999.

标准、通用的接口[1]。

（3）辅助子系统可置换。该准则强调，某子系统被置换后不影响其他子系统的运行，更不会对整个系统造成破坏。

（4）子系统能跨层次交互。该准则强调，子系统之间无须经过各自层次便可直接对话。

（5）按动态最迟连接的原则来建立系统。该准则认为，系统内各种联系和关系都是暂时的，子系统之间的直接、固定联系应尽可能迟地确立。

（6）信息管理和运作控制应采用自律分布式结构。

（7）组成系统的各子系统相互之间保持自治关系。该准则所强调的是动态规划的组织原则和开放式体系结构。

（8）系统规模可以扩大或缩小。

（9）组成系统的子系统应保持一定冗余。该准则能使企业恢复（当某子系统被破坏时）或扩大自己的生产能力。

（10）系统采用可扩展的框架结构。该原则强调，敏捷企业有一个开放式的集成环境和体系结构，保证企业原有系统和新系统能协调工作。

十准则中，（1）~（3）属可重构，（4）~（7）属可重用，（8）~（10）属可扩展。

5.3.2.2 敏捷企业的评价体系及职工队伍

将企业设计成敏捷企业，还需要建立敏捷性的评价体系，Rick Dove 等人提出了用列表方式，以成本（cost）、时间（time）、健壮性（robustness）、适应性（scope of change）四项指标来衡量企业敏捷性的评价方法。其中，成本是指完成敏捷化转变的成本；时间是指完成敏捷化变化的时间；健壮性是指敏捷化转变过程的坚固性和稳定性；适应性是指对未知变化的潜在适应能力[2]。

美国通用汽车公司所属的一家冲压厂为了更好地组织 700 多种车身的生产，将车身测量夹具（可看成子系统）从专用夹具改成万能夹具。从表 5-1 可以清晰地看到，车身夹具（一个子系统）由专用变为万能后，其敏捷性得到极大提高。

---

① 熊良山，严晓光，张福润．机械制造技术基础[M].武汉：华中科技大学出版社，2007.

② 张福润，徐鸿本，刘延林．机械制造技术基础[M]. 2 版．武汉：华中科技大学出版社，2000.

表 5-1　车身夹具敏捷性评价

项目	专用夹具	万能夹具	评价
成本	7 万美元	0.3 万美元	成本低
制造	37 星期	1 星期	时间省
	20% 返工	1% 返工，易于调整	健壮性好
使用	4 件 / 小时	40 件 / 小时，调整时间为 3.5 min	时间省
	100% 精确	重组、重用，100% 精确	健壮性好
	60% 可预测性	100% 可预测性	适应性好
	有条件使用	允许创新	适应性好
	单一检测过程	多种检测过程	适应性好
结构特征	针对一种车型定做、专用	通用底座与可调触头组合而成，可重用	适应性好
		触头组件可重构	适应性好
		触头组件、测量部件可扩充	适应性好

一般认为，在敏捷企业内部，职工教育体系和信息支撑系统有着关键作用。企业在快速多变的竞争环境中要获得生存和发展的机会，面对层出不穷的新事物、新技术，能否迅速认识、接受、掌握它们，职工素质是决定因素之一。企业有了高素质的职工队伍，才能顺利完成各种调整以迎接新的挑战，因此在企业内部对职工进行职业培训和再教育，是保持和提高企业竞争能力的一项重要措施。敏捷企业的人员组成有很大柔性。相对稳定的职工队伍是企业的核心，企业根据工作需要还应在人才市场招聘大量临时职工，企业骨干与临时职工组合成一个个拥有自治权的业务组，一项工作完成后业务组便自行解体，其大部分成员回归人才市场①。

计算机信息支撑系统已成为企业日常运行的一个有机组成部分，占据核心位置，因此该系统也应该具有很高的敏捷性。

5.3.3 动态联盟

对制造业来说，某种设想（或某项技术）如果将推出受市场欢迎的新产品，那么它出现之日便是市场竞争开始之时。一般认为，看到新机

① 赵长发．机械制造工艺学 [M]. 哈尔滨：哈尔滨工程大学出版社，2002.

遇的敏捷企业，应该尽量利用社会上已有的制造资源，组织动态联盟来迎接新的挑战。

动态联盟（Virtual Organization, VO）与虚拟公司（Virtual Company, VC）是一个概念，这种新的生产组织方式具有如下特点。

（1）盟主。盟主是动态联盟的领导者，一般说来，抓住新的机遇并有实力把握竞争的关键要素的敏捷企业应处在盟主位置。盟主承担的任务最终应落实给企业的业务组[①]。

（2）盟员。盟员是动态联盟的基本成员，每个盟员都起着不可被替代的作用，拥有优势，能掌握竞争的某要素的敏捷企业，应成为盟员。盟员承担的任务最终也应落实给相应的业务组。

（3）时限性。动态联盟具有显著的时限性，它随新机遇的被发现而产生，随着该机遇的逝去而解体，是为一次营运活动而组建的非永久性同盟。所谓“动态”就是指这种时限性。

（4）虚实性。动态联盟不是具有独立法人资格的企业实体，从这层意义上讲，它是虚拟的公司。然而动态联盟又是一个实实在在的商务组织，它由若干归属于各自企业实体的业务组构成，有明确的工作目标，有以法律文件作为依据的同盟章程，有从产品开发到售后服务一套完整的营运活动。从这层意义上讲，动态联盟是一个跨越地域（或国界）、架设在若干企业之间的网状组织。业务组是网上的结点，该网将各业务组的活动协调成敏捷的整体动作，使每个业务组都发挥出最大潜能，并创造出最大综合效益。动态联盟的活动穿透了单个企业，其活动不受任何一个企业的约束，联盟的成员不必对各自所属的企业负责，但应对联盟的章程负责[②]。

（5）协同性。追求共同利益是敏捷企业结盟的思想基础，每个成员都有各自独特的优势、不可取代的作用、预期分配的利益，经过优化组合形成的动态联盟，就是一个优势互补、利益共享的协同工作实体。

动态联盟是为了赢得一次市场竞争而采取的生产组织模式，因此其结盟过程与竞争的战略、策略、方法密切相关。看到新机遇的敏捷企业，首先从战略的高度规划出整个营运活动的流程，确定相应的作业单元以及各作业单元的资源配置；接着根据企业内和社会上的资源状况，设计作业单元的组织形式（即作业组），并确定其运作的基本策略。这些工作

① 赵长发．机械制造工艺学[M]．哈尔滨：哈尔滨工程大学出版社，2002.
② 张福润．机械制造技术基础[M]．武汉：华中理工大学出版社，1999.

完成后，该敏捷企业便采用恰当方法确定结盟的伙伴，在达成共识的基础上，最后结成动态联盟[①]。

5.3.4 敏捷制造典型应用实例

图 5-11 是虚拟企业的一种敏捷制造实施方案，主要分为市场分析与技术评估、敏捷化设计、敏捷化制造合作、敏捷后勤与合作、敏捷化销售与服务合作等功能。

该方案要求企业具有一定的敏捷化基础，具体要求如下：

（1）以成组技术为核心的产品的结构简化和零件管理，包括 BOM（物料清单）管理和产品的 ABC 分类管理（将零部件分为三类，A 类是与用户需求有关的特殊零部件，B 类为典型的变型零件，C 类是标准件和外协件）基础上分类树管理；产品的编码；产品数据和产品技术文件的系统化；建立适用于变型设计的产品模型（包括产品的无参数的结构设计图、参数表等）。

（2）敏捷制造实施的软件及硬件支撑环境，如宽带网络、管理信息系统、企业员工的管理思想的培训等。

该方案的核心业务过程如下：企业首先进行市场分析与技术评估，在需求预测和产品订单的基础上，按照市场需求、产品重要性、产品成本和技术难度等指标进行评价，将以上工程指标细化为对应的技术指标，之后进行敏捷化设计。在产品开发过程（包括新产品设计和组合产品、变型产品设计）的基础上，以竞标方式得到产品初步设计方案，建立合作关系，采用群组合作方式，在产品模型基础上的合作设计，主要完成对本企业是 A 类零部件的模块设计，而对合作企业是 B 类零部件的模块设计。通过向下游的设计预发布，采用成熟的设计与工艺并结合物料情况，形成详细设计方案。然后，对设计方案进行技术经济评价，分析确定需要外购、外协的零部件，制定生产计划，动态调配资源组织制造活动，建立逻辑上的或实际的临时性功能组织，如企业综合调配中心，协调相应的组织关系、业务关系、动态配置资源，对企业的业务过程与产品信息进行集成管理。在生产系统与后勤方面相应调整，增加生产系统柔性，采用设备的成组布置、通用与专用设备的合理搭配，与工艺规划的适当结合，提高制造的品种能力和数量能力，适应分工协作制造

---

① 熊良山，严晓光，张福润．机械制造技术基础[M]．武汉：华中科技大学出版社，2007．

的要求。对系统运行情况进行监控与评价,不断改进系统性能①。

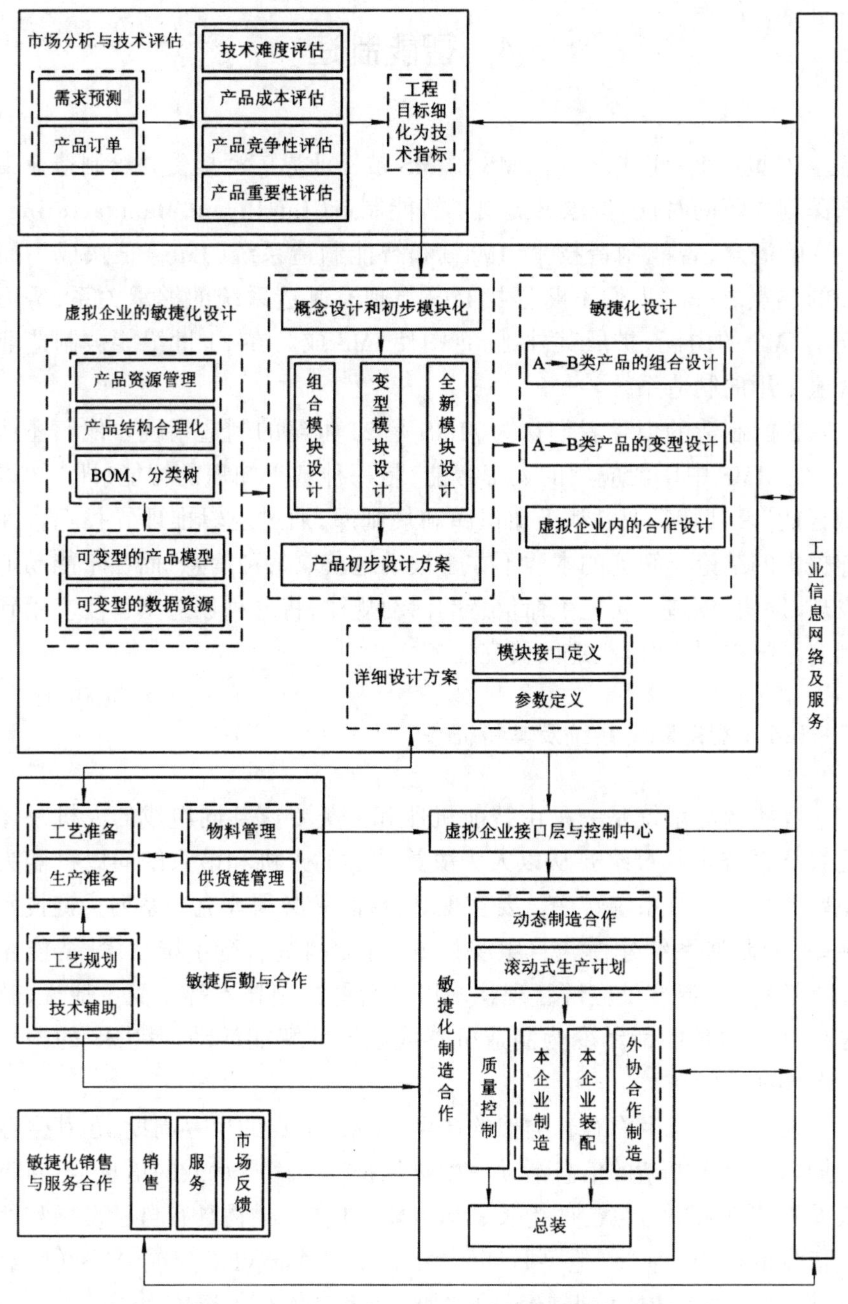

图5-11 虚拟企业的一种敏捷制造实施方案

① 陈中中,王一工.先进制造技术[M].北京:化学工业出版社,2016.

5.4 智能制造

20 世纪 80 年代末，当 FMS、CIMS 被工业界广泛接受并给制造业带来深刻变革的时候，美国又提出了智能制造（Intelligent Manufacturing，IM）的概念，智能制造技术（IMT）和智能制造系统（IMS）很快成为研究的热点之一。人们不断寻找 IMS 与现有制造系统的继承关系，努力充实 IMS 的内涵，扩展其外延，企图使 IMS 成为在 21 世纪能被制造业普遍采用的制造系统。

智能制造的倡导者们认为，IMS 是 21 世纪的制造系统。他们还认为，在 CIMS 中广泛应用的人工智能，是一种基于知识的智能，即“知识型智能”。其特征是：基于知识库和规则库，通过逻辑推理寻找隐含在前提中的结论。智能的本质不在于被动地获取某种信息，而在于能动地发现、发明、创造。研究生命信息的活动规律，将这种创造型智能应用到制造系统中，是智能制造的研究任务[①]。

5.4.1 智能制造系统及其特征

智能制造系统是一种由智能机器和人类专家共同组成的人机一体化智能系统。其最终要从以人为决策核心的人机和谐系统向以机器为主题的自主运行系统转变。要实现其目标，就必须攻克一系列关键技术堡垒，如制造系统建模与自组织技术、智能制造执行系统技术、智能企业管控技术、智能供应链管理技术以及智能控制技术等。简单地说，就是要把人的智能活动变为制造机器或系统的智能活动，其 IMS 的构成如图 5-12 所示。

人工制品与生物有着类似的产生、发展、消亡的生存周期，在其生存周期内都存在复杂的信息活动。生物依据遗传因子承载的信息，不断吸收外界信息来决定自己的生长繁衍策略。同时，生物具有自己发掘和处理信息的能力，即“创造型智能”。生物信息大体可以分成 DNA（脱氧核糖核酸）型和 BN（脑神经细胞）型，前者是依存于遗传因子的先天信

① 陈福集．信息系统技术概论 [M]．北京：高等教育出版社，2008.

息，后者是通过学习获得的[①]。

与以CIMS为代表的知识型智能制造系统相对应，具有创造型智能的智能制造系统应该闪烁着生物的特征，图5-13便是该系统的特征描述。

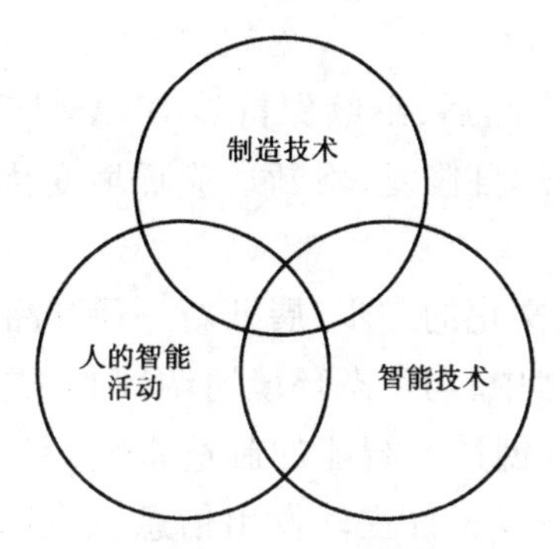

图5-12 IMS的构成

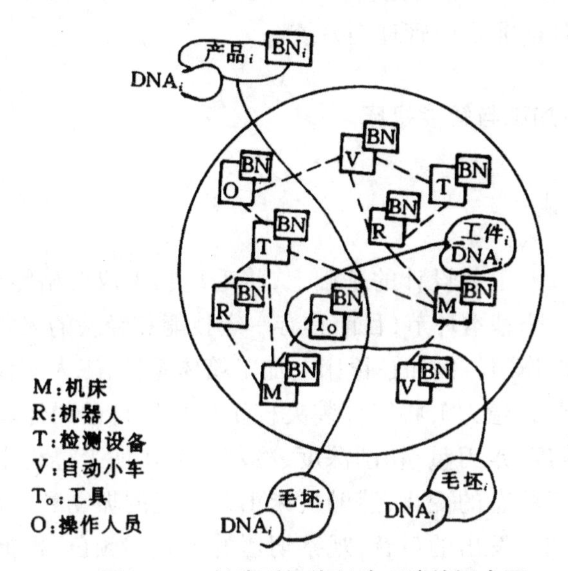

图5-13 创造型智能制造系统的概念图

（1）构成系统的基本单元，如工件、机床、工具、测量机、机器人，都是模拟具有自律性的生物。

（2）工件持有DNA信息并从毛坯成长为产品。

（3）其他基本单元主要依据BN型信息培育工件成长。培育过程中，

① 李保元，彭彦，刘垚．现代机械制造工艺学原理及应用研究[M].北京：中国水利水电出版社，2015.

工件毛坯处于主动地位，它将自己的去向、如何细化、在何处检测、怎样接触等等信息不断对外传播，搬运小车、机床、测量仪、机器人等单元对这些信息作出相应答复，如果不能应答，工件毛坯则自主地选择其他替代单元。对加工误差这类异常情况，则根据 DNA 型信息进行诊断和修复[①]。

（4）毛坯成长为产品后，继续保持着 DNA 型信息，同时根据 BN 型信息来自组织、自学习、自修复，不断适应环境变化，与其他人工制品协调发挥自身功能。

（5）能伴随社会、文化的进步，展开新一代产品的设计。

（6）能融合在自然中，与生态环境协调，和人类以及其他生物共生。

很显然，这种具有创造型智能的制造系统，完全区别于应用知识型智能的制造系统，它是以工件主动发出信息、设备进行应答的展成型系统，是对产品种类和异常变化具有高度适应性的自律系统，是不以整体集成为前提条件的非集中管理型系统。

5.4.2 智能加工与智能机床

5.4.2.1 智能加工

在产品设计和工艺设计的基础上，将毛坯加工成合格零件，是产品制造过程中的一个基本环节，目前具有一定技能和经验的人仍在这一环节中起着决定性作用。例如在镗床上加工箱体零件，工人不仅要准备好有关刀具（如铣刀、镗刀），将工件装夹校正后根据自己的经验选定切削条件（如切削速度、走刀量、切削深度、冷却液），在加工过程中还应精力集中地注视加工状态的变化，感触机床工艺系统的振动和温度，聆听机床运行和切削加工发出的声音，观察切屑的形状和颜色，根据自己的经验判断加工过程是否正常，并作出相应处理措施，如正常，继续加工；振动过大，减少切削用量；有刺耳噪声或切屑发蓝，更换切削刀具，等等[②]。

加工过程中，技术工人的职责可以归结成三点，即：

（1）用自己感觉器官（眼、耳、鼻、舌、身）来监视加工状况；

---

① 赵长发，赵文德，李强，等．机械制造工艺学[M].3 版．哈尔滨：哈尔滨工程大学出版社，2013.

② 刘延林．柔性制造自动化概论[M].武汉：华中科技大学出版社，2001.

（2）依据自己的感觉和经验（用大脑）判断加工过程是否正常，并作出相应决策；

（3）实施相应处理（主要用四肢）。

让机器代替熟练技术工人完成上述类似工作，是智能加工追求的目标。

图 5-14 是智能加工中心主机的一种结构方案，从图 5-9 可以看出，采用尽可能多的传感器，是智能加工中心的一大结构特点。该方案选用了一个六轴力传感工作台，用来检测沿 *X*、*Y*、Z 三轴的分力和绕三轴的分力矩。力传感工作台固定在两维失效保护工作台上，当力超过了额定载荷，它能自动移动并发出报警信号。安装工具的刀杆有内装式力传感器、失效保护元件、可塑性元件，该刀杆可检测和传递切削力的信息，保护机床安全运行。变形传感器布置在立柱和主轴箱的表面，可直接检测出热和力作用下的结构变形。为了监测机床热力场和环境温度影响，在机床表面布置了一些热传感器。机床附近还安置了视觉传感器和声传感器，用来监视整个加工过程。该方案将立柱也设计成一个执行机构，它能根据智能控制器的命令作出相应的补偿移动[①]。

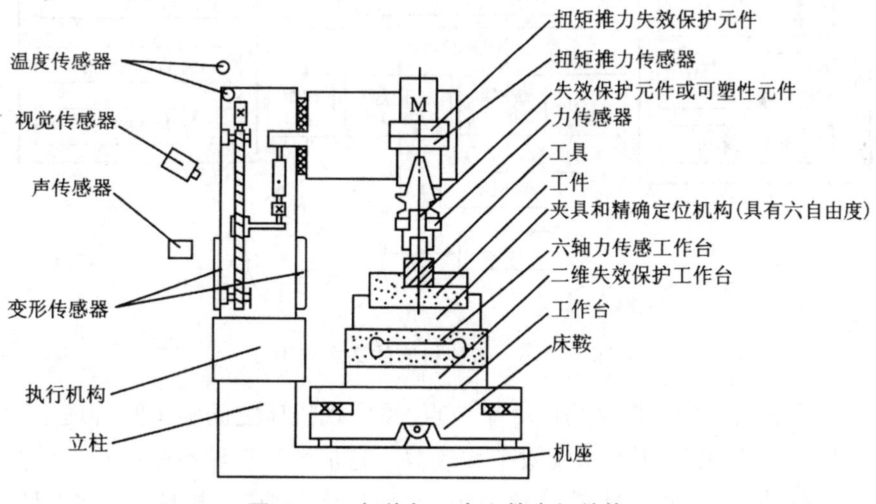

图 5-14 智能加工中心的主机结构

① 张福润，徐鸿本，刘延林．机械制造技术基础[M]．2 版．武汉：华中科技大学出版社，2000.

5.4.2.2 智能机床

智能机床尚无全面确切定义，简单地说，是对影响制造过程的多种参数及功能做出判断并自我做出正确选控决定方案的机床。智能机床能够监控、诊断和修正在加工过程中出现的各类偏差，并能提供最优化的加工方案。此外还能监控所使用的切削刀具以及机床主轴、轴承、导轨的剩余寿命等。

智能机床借助温度、加速度和位移等传感器监测机床工作状态和环境的变化，实时进行调节和控制，优化切削用量，抑制或消除振动，补偿热变形，能充分发挥机床的潜力，是基于模型的闭环加工系统。智能机床是承担智能加工任务的基本设备，其基本结构，如图 5-15 所示。

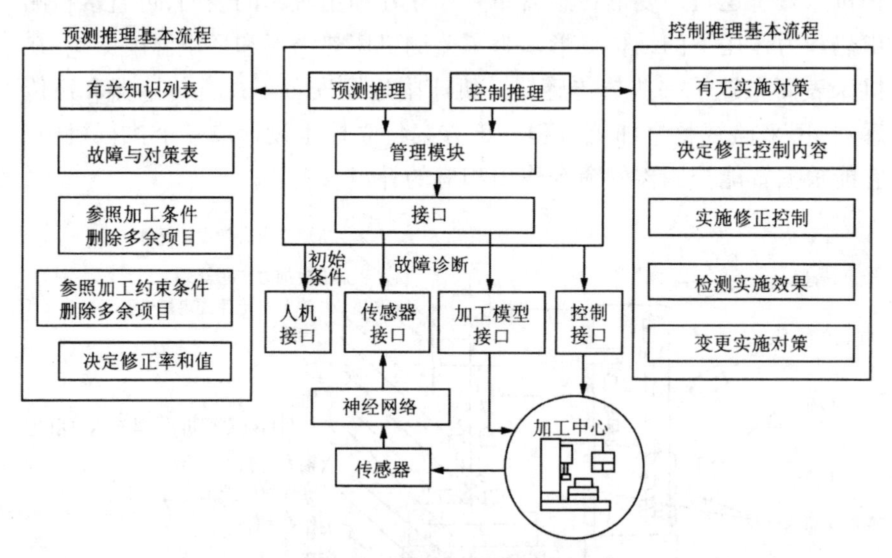

图 5-15 智能机床的基本结构

智能机床是工厂网络的一个节点，可实现机床之间和车间管理系统的相互通信，提高生产系统效率和效益。它是从加工设备进化到工厂网络的终端，生产数据能够自动采集，实现机床与机床、机床与各级管理系统的实时通信，使生产透明化，机床融入企业的组织和管理。机床智能化和网络化为制造资源社会共享、构建异地的、虚拟的云工厂创造了条件，从而迈向共享经济新时代，创造更多的价值。将来，数字技术将成为高端机床的不可分割的组成部分，虚实形影不离。利用传感器对机床的运行状态实时监控,再通过仿真及智能算法进行加工过程优化,尽可能预测性能变化,实现按需维修。

5.4.3 典型智能机床介绍

5.4.3.1 i5 智能机床

沈阳机床从 2007 年开始沿着确定的发展路线,经 7 年的艰苦研发,于 2014 年成功推出了具备 Industry(工业化)、Information(信息化)、Internet(网络化)、Intelligence(智能化)、Integration(集成化)的 i5 智能控制系统。在此基础上,成功开发出了七个系列的 i5 智能机床产品,同时开发出 i5 车间信息管理系统、虚拟现实机床、iFactory 智能工厂、iSESOL 工业云、i5OS 工业操作系统等多个系列软件平台,不仅实现了核心技术完全自主,还打破了他国的长期垄断,通过智能机床的广泛应用,将改变未来制造业的工业模式,引领世界智能制造的发展潮流。i5 智能机床作为基于互联网的智能终端实现了操作、编程、维护和管理的智能化,是基于信息驱动技术,以互联网为载体,以为客户提供“轻松制造”为核心,将人、物有效互联的新一代智能装备。

i5 智能数控系统不仅是机床运动控制器,还是工厂网络的智能终端。i5 智能数控系统不仅包含工艺支持、特征编程、图形诊断、在线加工过程仿真等智能化功能,还实现了操作智能化、编程智能化、维护智能化和管理智能化。

5.4.3.2 INC 智能机床

华中数控、宝鸡机床、华中科技大学提出了新一代智能机床的新理念,开展了智能数控系统(Intelligent NC, INC)和智能机床(Intelligent NC Machine Tools, INC- MT)的探索。

智能数控系统(INC)已初步实现了质量提升、工艺优化、健康保障和生产运行等智能化功能,使得数控加工“更精、更快、更智能”。

此外,智能数控系统(INC)采用了多点触控虚拟键盘,替代了传统的数控机床键盘;采用机器视觉人脸识别,对操作者进行身份认证。

机床主要特色:

(1)高精。采用全闭环高精度光栅尺反馈。具有智能热误差补偿、空间误差补偿、主轴自动避振等智能化功能。

（2）高效。高速钻攻中心的主轴转速 24 000 r/min，快移速度 60 m/min，具有加工工艺参数评估、三维曲面双码联控高速加工等智能化功能。

（3）自动化。HNC- 848D 的多通道功能，实现对数控机床和华数机器人的"一脑双控"，大幅降低数控机床实现自动上下料控制的硬件成本①。

5.5 生物制造

21 世纪是生物科学时代。由于生物科技在研发方面的重大突破，使得生物科技继工业革命及电脑革命后，成为人类的第三次革命，使生物科技产业被全球视为未来的明星产业。我国于 1982 年将生物技术列为八大重点技术之一。生物科学和技术的发展也将对制造技术带来重大影响，制造技术的一个重要方向——生物制造技术正在形成。

5.5.1 生物制造研究的主要内容

机械仿生与生物制造研究内容包括生长成形工艺、仿生设计和制造系统、智能仿生机械和生物成形制造等，这是一个极富创新和挑战的前沿领域。这一领域有如下主要研究内容：

（1）生物组织、结构和系统的仿生。例如，骨骼、肌体、器官的自修复、自组织、自适应、自生长和自进化研究。自生长成形工艺，即在制造过程中模仿生物外形结构的生长过程，使零件结构最外层各处形状随其应力值与理想状态的差距作自适应伸缩直至满意状态为止；又如，将组织工程材料与快速成形制造的结合，制造生长单元的框架，在生长单元内部注入生长因子，使各生长单元并行生长，以解决与人体的相容性与个体的适配性及快速生成的需求，实现人体器官的人工制造。目前国外已开展的研究工作有将快速原型制造技术与人工骨研究相结合，为颅

① 华中数控供稿．大国重器——新一代华中数控智能数控系统和智能机床[J]．世界制造技术与装备市场，2018（2）：79-82.

骨、腭骨等骨骼的人工修复和康复医学提供了很好的技术手段。

（2）生物功能的仿生以及与仿生机械相关的生物力学原理、组织工程材料成形的信息模型与物理模型，仿生系统的控制理论与方法和仿生系统的集成理论与技术。近年来，国际上不少学者研究昆虫的运动机理，试图从中受到启发，为微小机械设计理论与设计方法的建立寻找突破口[①]。

（3）生物控制的仿生。例如，人工神经网络、遗传算法、仿生测量研究，面向生物工程的微操作系统原理、设计与制造基础。

（4）生物成型制造。如采用生物的方法制造微小复杂零件，开辟制造新工艺。生物去除加工采用生物菌对材料进行加工，是近年来发展的一种生物电化学和机械微细加工的交叉。例如，利用细菌加工零件、细胞移植和重组的生物制造以及生物制造基础理论与技术。

5.5.2 生物制造在微细加工中的应用

精密微细加工技术的开发与应用是现代制造技术发展趋势之一。精密微细加工技术是以精密工程、微细工程和纳米技术为代表、寻求达到制造技术可能实现的最高精度和尺寸极限的加工技术。一般来说，精密加工技术是指加工精度在 1 ~ 0.1 μm、表面粗糙度 Ra 在 0.1 ~ 0.02 μm 的加工技术；超精密加工技术是指加工精度高于 0.1 μm、表面粗糙度 Ra 小于 0.01 μm 的加工技术；微细加工技术则是指微小尺寸零件的加工技术。精密加工和微细加工同属于现代制造业的前沿技术，两者有着密切联系；微细加工既属于精密加工范畴，又有其自身特点，两者相互渗透、相互补充。

微细加工在微机械领域得到广泛的应用。微机械领域的重要角色不仅仅是微电子部分，更重要的是微机械结构或构件及其与微电子等的集成。所以微机械的微细加工并不仅限于微电子（Micro-electronics）制造技术，更重要的是指微机械构件的加工（Micro-machining）或微机械与微电子、微光学等的集成结构的制作技术。目前，微机械的微细加工常用的有光刻制版、高能束刻蚀、LIGA（德文 Lithographie Galvanoformang Alformung 的缩写，20 世纪 80 年代中期，由德国卡尔斯

① 朱晓春．先进制造技术［M］．北京：机械工业出版社，2004．

鲁厄核研究中心 W · Ehrfeld 等人开发的一种全新的微细加工技术,即用同步辐射 X 射线进行深度光刻、电铸成形和注塑成形综合制作的方法)、微细电火花加工等方法。为了适应光、机、电元器件日趋微型化和一体化要求,迫切需要寻求一种新的工艺方法 ①。

生物刻蚀加工是利用微生物代谢过程中一些复杂的生化反应来去除基体上的多余材料,加工出其他微细加工方法不能得到的微小结构。

5.5.2.1 生物刻蚀加工的机理

利用微生物对某些金属所具有的刻蚀特性以及与微细加工中的光刻技术结合起来制作微小零件。例如使用的微生物刻蚀剂氧化亚铁硫杆菌,这种菌代谢 Fe^{2+} 成为 Fe^{3+} 获得生长活动所需的能量物质。在金属基底表面制作精细的抗蚀膜图形,利用氧化亚铁硫杆菌代谢出的 Fe^{3+} 对金属基底进行选择性生物氧化,最终得到期望的构件。

生物体内化学能的利用涉及氧化还原(Oxidation-reduction)作用。生物氧化还原反应的最重要的一点是细胞在分解代谢中利用氧化还原反应从营养物分子中获取能量。细胞获取作为能量来源的营养物分子,把它们从高还原态(具有很多的氢原子)转变为高氧化态,从而获得能量,并把这些能量储存在三磷酸腺苷(ATP)中,以供各种生命活动所利用。氧化亚铁硫杆菌通过呼吸链的电子传递作用,使 Fe^{2+} 失去的电子从一个电子载体转移到下一个电子载体,在电子传递过程中释放能量,细菌通过磷酸化作用吸收部分能量,生成机体生命活动主要的直接供能物质 ATP。

利用氧化亚铁硫杆菌的生物氧化作用对金属进行加工时,Fe^{2+} 作为电子供体被细菌从培养基中跨膜运送到周质区,由于在周质空间中存在铁(Ⅱ)氧化酶,在铁(Ⅱ)氧化酶的催化作用下 Fe^{2+} 失去一个电子成为 Fe^{3+}。失去的这个电子在周质空间被铁硫菌蓝蛋白接收,铁硫菌蓝蛋白是对酸稳定的,而在 pH=2 时具有最适合的活力。铁硫菌蓝蛋白的电子被传给一种不寻常的高电势的膜结合细胞色素 c,由它接着将电子传递给终端氧化酶——细胞色素 a_1。细胞色素 a_1 将电子供给 1/2 O_2,最终激活氧生成 O^{2-},活化的氧与从细胞质中来的 $2H^+$ 化合生成水,经 ATP 酶进入的质子流量弥补了质子供给。在电子传递过程中释放能量,细菌通

① 朱晓春 . 先进制造技术 [M]. 北京: 机械工业出版社, 2004.

过磷酸化作用吸收部分能量，生成机体生命活动主要的直接供能物质 ATP。

氧化亚铁硫杆菌的加工机理，如图 5-16 所示。

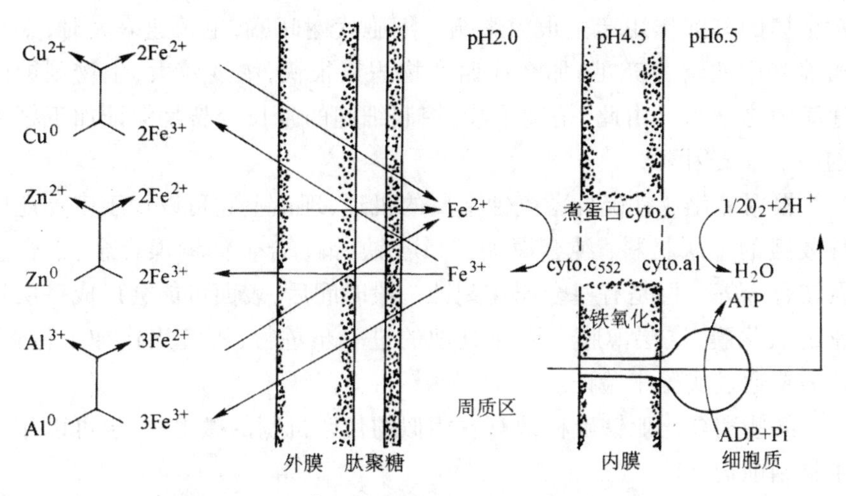

图 5-16　Fe^{2+} 的生物氧化路径（生物加工机理）

Fe^{2+} 氧化为 Fe^{3+} 产生的能量很少，所以氧化亚铁硫杆菌为了生长必须氧化大量的铁，少量的细胞就可以使大量的铁氧化。菌体通过生物膜排出的代谢产物 Fe^{3+} 是一种中强氧化剂，具有很高的活性，在常温下就能将金属原子氧化，达到刻蚀的目的。在加工过程中主要的反应式如图 5-17 所示。

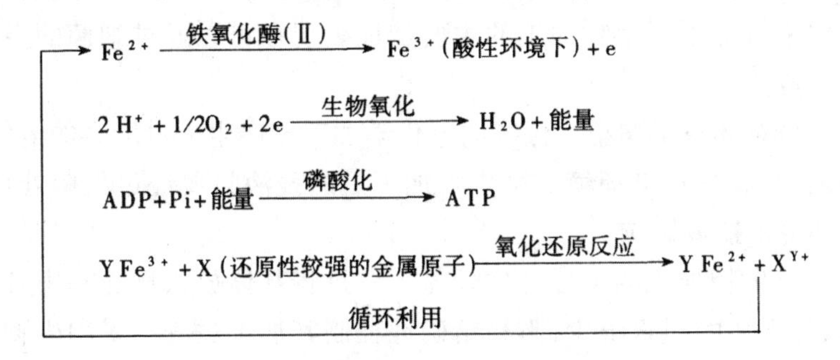

图 5-17　微生物加工中主要的生物化学反应

细菌通过新陈代谢活动把元素从一种状态转变为另一种状态，其在这个增殖反应中起到了生物催化剂的作用。在整个氧化过程中，T.f. 菌能够将消耗掉的氧化剂通过代谢重新生成，并且自身得到增殖，这种物质循环保证了生物刻蚀过程的延续。一旦细菌死亡，即生物新陈代谢过程中止，那么氧化磷酸化作用不存在了，这个增殖反应就不得不中断，细菌对金属的刻蚀也就停止了。

生物加工通过细菌的生长达到刻蚀金属的目的，细菌的生长状态会对金属的刻蚀作用产生很大影响。细胞代谢旺盛，生长速率大时，如果培养基中的营养充足，那么代谢产物积累很快，浓度较大，生物刻蚀的速率随之增大。由此，精确干涉、控制细胞的生长分裂是保证加工精度的一个重要因素。

根据氧化亚铁硫杆菌刻蚀金属的机理，理论上它可以加工多种还原性较强的金属材料：纯金属如铝、镁、铁、铜；合金如铜镍合金、铝合金及镁合金等。但是有些金属在刻蚀一段时间后，表面可能会形成一层致密的氧化膜，这层薄膜会阻止刻蚀的进一步进行，不宜用作加工材料，这需要通过实验来验证。

某些和氧化亚铁硫杆菌有着相似的代谢机制的微生物，也可以作为生物刻蚀剂[①]。

5.5.2.2 生物刻蚀加工的特点及其技术展望

根据目前的刻蚀实验分析表明，采用微生物进行加工有如下特点。

（1）加工方法新颖。利用微生物作为微小的“工具”进行微加工，既不同于单纯氧化金属材料的化学加工，又不同于外加电源迫使金属失去电子的电化学加工，它利用物理和化学形式之外的能量——生物能量对基体进行加工。生物加工的主要特征表现在可以通过细菌的生长控制加工量甚至加工区域。

（2）对环境影响小。传统的电化学加工会产生大量废弃的电解液，处理困难，容易污染环境。微生物加工后的残液只要经过灭菌处理，基本对环境不造成影响。

（3）生物加工的可控性比较差。一旦将基体放入培养基中开始刻蚀，人为干涉的因素很少，不易精确地控制其加工过程。采用生物刻蚀方法制作微小结构，适用于简单三维加工。它对基体只能进行直上直下的加工，即仍然局限于平面图形的深度延伸，不能制作台阶、曲面等连续三维结构。如果要进行复杂三维结构的加工，必须采用套刻工艺，其影响因素很多，加工精度较难控制。

---

① 朱晓春．先进制造技术[M]．北京：机械工业出版社，2004.

（4）生物刻蚀材料的过程较稳定且粗糙度低。与采用强酸或强碱的腐蚀液进行腐蚀相比，生物刻蚀液比较温和，而且由生物生长代谢产生的氧化剂氧化活性很高，在常温下就能将金属原子氧化。

氧化亚铁硫杆菌的生物刻蚀特性目前已被广泛应用，并通过实验发现培养基外加电场，可以成倍提高细菌对金属的刻蚀速率，通过研究培养基中外加电流的大小和刻蚀速率之间的关系可以找到控制生物刻蚀速率的规律，提高加工的效率和质量。

氧化亚铁硫杆菌只是可用于加工的菌种之一，自然界中存在种类繁多的微生物，可以寻找其他的细菌来尝试对更多类型的材料进行生物蚀刻。

生物制造技术是一个全新的前沿领域，需要做大量的研究工作。对于这一交叉与边缘课题，今后将在以下几方面展开工作。

· 通过理化因子对生物加工进行方向性、区域性和加工速度及加工质量的控制。

· 微小酶电极用于微细加工。

· 寻找特殊种类的微生物对新型材料进行加工，或以生物细胞为材料构造人工神经网络，实现机、电、生物一体化。

总之，由于能量形式的不同，决定了“生物加工”必然有其自身的加工工艺特性，能发挥出其他工艺方法无法取代的工艺效果①。

5.6　精良生产

精良生产（Lean Production，LP）又译为精益生产、精简生产，它是人们在生产实践活动中不断总结、改进和完善而逐渐形成的一种先进生产模式。

精益生产是采用灵活的生产组织形式，根据市场需求的变化，及时、快速地调整生产，依靠严密细致的管理，力图通过“彻底排除浪费”，防止过量生产来实现企业的利润目标的。

如果将精益生产体系看成一幢大厦，如图5-18所示，大厦的基础就是在计算机信息网络支持下的群体小组工作方式和并行方式，大厦的

① 朱晓春．先进制造技术[M]．北京：机械工业出版社，2004．

支柱就是准时化生产、成组技术和全面质量管理，精益生产是大厦的屋顶。三根支柱代表着三个本质方向，缺一不可，它们之间还须相互配合。

图 5-18　精益生产体系结构

5.6.1 福特生产模式与丰田生产模式

第二次世界大战后百废待兴，各种商品奇缺，面对庞大的卖方市场，美国福特汽车公司创造出了大批大量生产方式。汽车由上万个零部件组成，结构十分复杂，只有组织一批不同专业的人员共同工作，才能完成其设计。为了保证整机的设计质量，福特方式将整机分解成一些组件，某个设计人员只需将其精力集中在某组件的设计上，借助标准化和互换性等技术措施，他可以将自己的设计做得尽善尽美而不必关注别人的工作。福特方式注重工序分散、高节奏、等节拍的工艺原则，推崇高效专用机床，并以刚性自动线或生产流水线作为自己的特征。在劳动组织上，该方式采用了专门化分工原则，工人们分散在生产线的各个环节成为生产线的附庸，不停地做着某一简单重复的工作；高级管理人员负责生产线的管理，制造质量由检验部门和专职人员把关，设备维修、清洁等都由专门人员承担。组装汽车需要不少外购零部件，为了保证组装作业不受外购件的影响，福特生产模式采取了大库存缓冲的办法[①]。

质量、产量、效益目前都位居世界前列的日本丰田汽车公司，当初其

① 赵长发．机械制造工艺学[M]．哈尔滨：哈尔滨工程大学出版社，2002.

年产量还不足福特的日产量。在考察福特公司的过程中，丰田公司并没有盲目崇拜其辉煌成就，面对福特模式中存在的大量人力和物力浪费，如产品积压、外购件库存量大、制造过程中废品得不到及时处理、分工过细使人的作用不能充分发挥等，他们结合本国的社会和文化背景以及已经形成的企业精神，提出了一套新的生产管理体制，经过20多年的完善，该体制已成为行之有效的丰田生产模式。

为了消除生产过程中的浪费现象，丰田模式采取了如下对策。

（1）按订单组织生产。丰田模式将零售商和用户也看成生产过程的一个环节，与他们建立起长期、稳定的合作关系。公司不仅按零售商的预售订单在预约期限内生产出用户订购的汽车，还主动派出销售人员上门与顾客直接联系，建立起用户数据库，通过对顾客的跟踪和需求预测，确定新产品的开发方向[①]。

（2）按新产品开发组织工作组。该工作组打破部门界限，变串行方式为并行方式开展工作，在产品设计到投产的全过程中都承担着领导责任。工作组长被授予了很大权力，一系列举措激励着每个成员协调、努力地工作。

（3）成立生产班组并强化其职能。为了按订单组织生产，丰田模式推广应用了成组技术，生产中尽量采用柔性加工设备。该模式按一定工序段将工人分成一个个班组，要求工人们互相协作搞好本段区域内的全部工作。工人不仅是生产者，还是质检员、设备维修员、清洁员，每个工人都赋有控制产品质量的责任，发现重大质量问题有权让生产停顿下来，召集全组商讨解决办法。组长是生产人员，也是生产班组的管理人员，他定期组织讨论会，收集改进生产的合理化建议。

（4）组建准时供货的协作体系。丰田模式以参股、人员相互渗透等方式，组建成了唇齿相依的协作体系，该体系支撑着以日为单位的外购计划，使外购件库存量几乎降到零。

（5）激发职工的主动性。丰田生产模式能否实施，完全决定于具有高度责任心和相当业务水平的人。为了使职工产生主人翁的意识，发挥出最大的主动性，丰田公司采用了终生雇用制，推行工资与工种脱钩而与工龄同步增长的措施，并不断对职工进行培训以提高其业务水平。

---

① 张福润，熊良山．机械制造技术基础[M].2版．武汉：华中科技大学出版社，2012.

5.6.2 精良生产及其特征

丰田生产模式不仅使丰田公司一跃成为举世瞩目的汽车王国,还推动了日本经济飞速发展。为了剖析日本经济腾飞的奥秘,1985 年,美国麻省理工学院负责实施了一项关于国际汽车工业的研究计划,上百人走访了世界近百家汽车厂,用了 5 年时间收集到大量第一手资料,资料分析结果证实了丰田模式对日本经济的推动作用。1990 年,由 3 位主要负责人 Womack、Jones、Roos 撰写出版了《The Machine That Changed The World》(《改变世界的机器》),该书对丰田生产模式进行了全面总结,详尽地论述了这种被他们称为“精良生产”的生产模式[①]。

按照作者的观点,一个采用了精良生产模式的企业具有如下特征。

(1)以用户为“上帝”。其表现为:主动与用户保持密切联系,面向用户、通过分析用户的消费需求来开发新产品。产品适销,价格合理,质量优良,供货及时,售后服务到位等,是面向用户的基本措施。

(2)以职工为中心。其表现为:大力推行以班组为单位的生产组织形式,班组具有独立自主的工作能力,能发挥出职工在企业一切活动中的主体作用。在职工中展开主人翁精神的教育,培养奋发向上的企业精神,建立制度确保职工与企业的利益同步,赋给职工在自己工作范围内解决生产问题的权利,这些都是确立“以职工为中心”的措施。

(3)以“精简”为手段。其表现为:精简组织机构,减去一切多余环节和人员;采用先进的柔性加工设备,降低加工设备的投入总量;减少不直接参加生产活动的工人数量;用准时(Just In Time, JIT)和广告牌(日文“看板”、英文“Kanban”)等方法管理物料,减少物料的库存量及其管理人员和场地。

(4)综合工作组和并行设计。综合工作组(Team Work)是由不同部门的专业人员组成,以并行设计方式开展工作的小组。该小组全面负责同一个型号产品的开发和生产,其中包括产品设计、工艺设计、编写预算、材料购置、生产准备及投产等,还负有根据实际情况调整原有设计和计划的责任。

(5)准时(JIT)供货方式。其表现为:某道工序在其认为必要时刻

① 曾志新,吕明.机械制造技术基础[M].武汉:武汉理工大学出版社,2001.

才向上道工序提出供货要求,准时供货使外购件的库存量和在制品数达到最小。与供货企业建立稳定的协作关系是保证准时供货能够实施的举措。

(6)“零缺陷”工作目标。其表现为:最低成本,最好质量,无废品,零库存,产品多样性。显然,精良生产的工作目标指引着人们永无止境地向生产的深度和广度前进。

第6章 先进机器人技术

机器人是典型的机电一体化装置,涉及机械、电气、控制、检测、通信和计算机等方面的知识。以互联网、新材料和新能源为基础,“数字化智能制造”为核心的新一轮工业革命即将到来,而工业机器人则是“数字化智能制造”的重要载体。

现代机器人可分为工业机器人、服务机器人和特种机器人三种。其中,工业机器人是工业领域中机器人的统称,是现代机器人产业的一个重要分支,世界上诞生的第一台机器人就是工业机器人。近年来,虽然服务机器人和特种机器人市场发展势头良好,但其市场份额和普及程度仍然无法与发展成熟的工业机器人相比。

本章主要介绍工业机器人的发展的历程、应用现状、工程应用、技术构成等基础知识,并阐述了工业机器人的驱动系统、控制技术以及工业机器人的应用。

6.1 概 述

6.1.1 工业机器人技术发展的历程

工业机器人技术自诞生之日起,距今已有近60年的发展历史。在过去的半个多世纪时间里,机器人专家针对工业机器人技术的应用在智能化、网络化、标准化和柔性化方面不断创新与改革,逐渐拓宽了工业机器人在高端装备制造业领域的应用。

(1)20世纪50年代(1954年),来自美国肯塔基州(Kentucky State, U.S.)的发明家兼电气工程师——乔治·德沃尔(George Devol)领导其机器人研发团队,采用机电一体化技术、交流伺服驱动和减速技术,发明并研制了世界上第一台可用于工业生产的“重复性动作的机械臂”,并于1961年获得该通用自动化装置的专利权。乔治·德沃尔领导其团队所研制的机械臂被认为是最早期的工业机器人,开创了智能制造技术——工业机器人技术广泛应用的时代。

(2)20世纪60年代,来自美国纽约的企业家兼电气工程师图约瑟夫·恩格尔博格(Joseph Engelberger)领导其科研与创业团队在康涅狄格州的丹伯里市(Danbury City,Connecticut)创立了Unimation公司(工业机器人制造企业),Unimation公司应用乔治·德沃尔的“工业机械臂”技术专利,生产了世界上第一批用于搬运和码垛的工业机器人——“UNIMATE”。

1961年,美国通用汽车公司(G M)引进了Unimation公司的首批工业机器人——“UNIMATE”,主要用于在金属原材料生产线上代替人力从加工模具中取出高温的金属工件。随后数年间,工业机器人陆续应用于焊接、切割、喷涂和黏合等工种,以代替人力劳动,大幅度提高了企业的生产效率。

(3)20世纪70年代至90年代是工业机器人技术快速发展的时期,由于数字计算机技术的飞速发展,与工业机器人相关的控制器技术、I/O接口技术和智能传感器技术的研发与应用水平得以迅速提升,机器人初步具备高精度作业的能力。

这一时期,日本的安川(YASKAWA)和发那科(FANUC)、瑞士和瑞典联合控股的ABB、德国的库卡(KUKA)及中国的新松(SINSUN)等机器人制造企业迅速发展壮大,各公司的研发机构与创新团队在工业机器人的视觉技术、伺服驱动技术、谐波减速技术以及先进控制算法等方面取得重大突破,其开发的串联四轴和六轴工业机器人在自动化生产线上主要完成搬运、码垛、装配、打磨等生产任务。

(4)21世纪以来是工业机器人技术蓬勃发展和全面应用的时期,由于互联网技术、物联网技术、射频识别(Radio Frequency Identification,RFID)技术以及智能传感器技术的发展,多传感器分布式控制的精密型机器人越来越多地应用在柔性自动化制造系统中。各公司的大、中型工业机器人可以完成车体和船体的焊接与喷涂、大宗货物的搬运与码垛等工作,小型工业机器人则可以完成定位精度要求较高的半导体芯片加工任务。

近十几年来,工业机器人所涉及的驱动技术,减速技术、控制技术和通信技术逐步成熟,工业机器人作为智能制造企业自动化生产线中的核心制造设备，主要从事智能化、柔性化和精密化的生产劳动。

6.1.2 工业机器人技术的应用现状

20 世纪 90 年代至今，工业机器人技术作为国家高技术研究发展计划的重要组成部分一直备受关注，并持续良好和快速发展的势头。近年来，工业机器人技术成为支撑国家高端装备制造业发展的原动力，工业机器人技术研究和发展的国际合作也日渐频繁。现代工业机器人技术的研发和应用呈现出以下特点。

（1）工业机器人技术的先进性。现代的工业机器人采用开放式模块化控制系统体系结构设计，工业机器人的运动控制器、I/O 控制板、智能传感器、网络通信以及故障诊断与安全维护等技术的发展有长足的进步。工业机器人及其成套自动化装备适合于现代制造业企业自动化生产线精细制造、精密加工和柔性生产的需要。

（2）工业机器人技术应用广泛。工业机器人及其自动化成套装备是柔性制造自动化生产线的核心。如表 6-1 所示，工业机器人技术在汽车车体焊接装配及其零配件生产、海港码头智能运输、工程机械、轨道交通、能源开发和军事工程等领域有着重要应用。值得关注的是：六轴工业机器人以其独有的串联机械结构、较大的臂展、较小的转动惯量（耗能低）以及较高的定位精度，被广泛应用于现代工农业生产中[①]。

表 6-1 工业机器人技术应用领域举例

工业机器人应用领域	工业机器人类型	工业机器人用途
轨道交通 智能物流	六轴机器人 AGV 机器人	搬运、码垛 RFID 物流信息采集
柔性制造 自动化生产线	六轴机器人 并联机器人	搬运、码垛、装配 切割、分拣和包装
整车装配 零配件生产	六轴机器人 焊接、喷涂机器人	智能装配 焊接、喷涂和打磨
能源开发	特种机器人 水下机器人	水下、井下的 开采、挖掘和排爆
军事工程	运输机器人 勘探机器人	物资运输 地面和空中军事侦察

① 裴洲奇．工业机器人技术应用[M]．西安：西安电子科技大学出版，2019.

①汽车行业。在我国有 50% 的工业机器人应用于汽车制造业，其中 50% 以上为焊接机器人，发达国家汽车工业机器人占机器人总量的 53% 以上。

② 3C 电子行业。工业机器人在电子类的 IC、贴片元器件生产领域的应用较普遍。而在手机生产领域，工业机器人适用于包括分拣装箱、撕膜系统、激光塑料焊接等工作。高速四轴码垛机器人等适用于触摸屏检测、擦洗、贴膜等一系列流程的自动化系统。

③食品加工机器人的应用范围越来越广泛，目前已经开发出的食品工业机器人有包装罐头机器人、自动包饺子机器人等。

④橡胶及塑料工业。橡胶和塑料的生产、加工与机械制造紧密相关，且专业化程度高。橡胶和塑料制品被广泛应用于汽车、电子工业，以及消费品和食品工业。其原材料通过注塑机和工具被加工成用于精加工的半成品或成品。通过采用自动化解决方案，能够使生产工艺更高效、更经济和可靠[①]。因为机器人能完成一系列操作、拾放和精加工作业，在很大程度上解决了这一问题。

⑤焊接行业。工业机器人在机器人产业中应用最为广泛，而在工业机器人中应用最为广泛的当属焊接机器人，它占据了工业机器人 45% 以上的份额。焊接机器人较人工焊接具有明显的优势，在汽车制造业中广泛应用。工业机器人在焊接领域应用较早，有效地将焊接工人从有毒有害的作业环境中解放了出来。

⑥铸造行业。铸造工人经常是在高污染、高温和外部环境恶劣的极端工作环境下进行作业。为此，制造出强劲的专门适用于极重载荷的铸造机器人就显得极为迫切。

⑦玻璃行业。无论是生产空心玻璃、平面玻璃、管状玻璃，还是玻璃纤维，特别是对于洁净度要求非常高的特殊用途玻璃，工业机器人是最好的选择。

⑧喷涂行业。与人工喷涂相比，采用喷涂机器人唯一的劣势就是首次购买成本高，但这一劣势与喷涂机器人的优势相比就不是问题了。从长远来看使用喷涂机器人更经济。喷涂机器人既可以替代越来越昂贵的人工劳动力，同时能提升工作效率和产品品质。使用喷涂机器人可以

① 戴凤智，乔栋．工业机器人技术基础及其应用 [M]. 北京：机械工业出版社，2020.

降低废品率，同时提高了机器的利用率，降低了工人误操作带来的残次零件风险等。

⑨自动导引运输。自动导引车（Automatic Guided Vehicle，AGV）是车间内自动搬运物品，辅助生产物流管理的一种工业机器人。AGV广泛应用于机械、电子、纺织、造纸、卷烟、食品等行业。主要特点在于：作为移动的输送机，AGV不固定占用地面空间，且灵活性高，改变运行路径比较容易；系统可靠性较高，即使一台AGV出现故障，整个系统仍可正常运行；此外，AGV系统可通过TCP/IP协议与车间管理系统相连，是公认的建设无人化车间、自动化仓库，实现物流自动化的最佳选择。例如，在汽车生产线上，应用AGV可实现发动机、后桥、油箱等部件的动态自动化装配；在大尺寸液晶面板生产线上，应用AGV可实现自动化装配，能够极大地提高生产效率。

⑩检测检验。消费品工业领域也将是工业机器人的一大应用方向。例如，制药行业的药品检测分析处理机器人能够替代测试员进行药品测试和监测分析，机器人的检验要比熟练的测试员更加精确，采集数据样本的精度更高，能够取得更好的实验效果。同时，在一些病毒样本检测的危险作业环境中，机器人能够有效替代测试人员。

总之，工业机器人技术的应用经历了由小型到大型、由简单到复杂、由单一用途到多功能的发展历程。现代智能制造企业的自动化生产线中，工业机器人可以独立完成工作，也可与人或其他机器人协作，组成控制网络，协同工作，在加工精度要求较高、危险或复杂的生产环境中实现柔性制造的生产任务。

6.1.3 工业机器人技术的工程应用

现代智能制造企业中，柔性制造自动化生产线可按照市场和客户提出的产品性能要求，以一定批量、多规格、多品种，灵活调整工业产品的生产任务。工业机器人的应用一方面降低了企业的用工成本，另一方面可以保证柔性制造过程中工业产品的生产质量。

图6-1所示为柔性制造系统中工业机器人工作站创建→目标点轨迹规划→目标点示教编程→机器人生产线联机调试的全过程，这一过程是工业机器人技术应用的基本路线图。

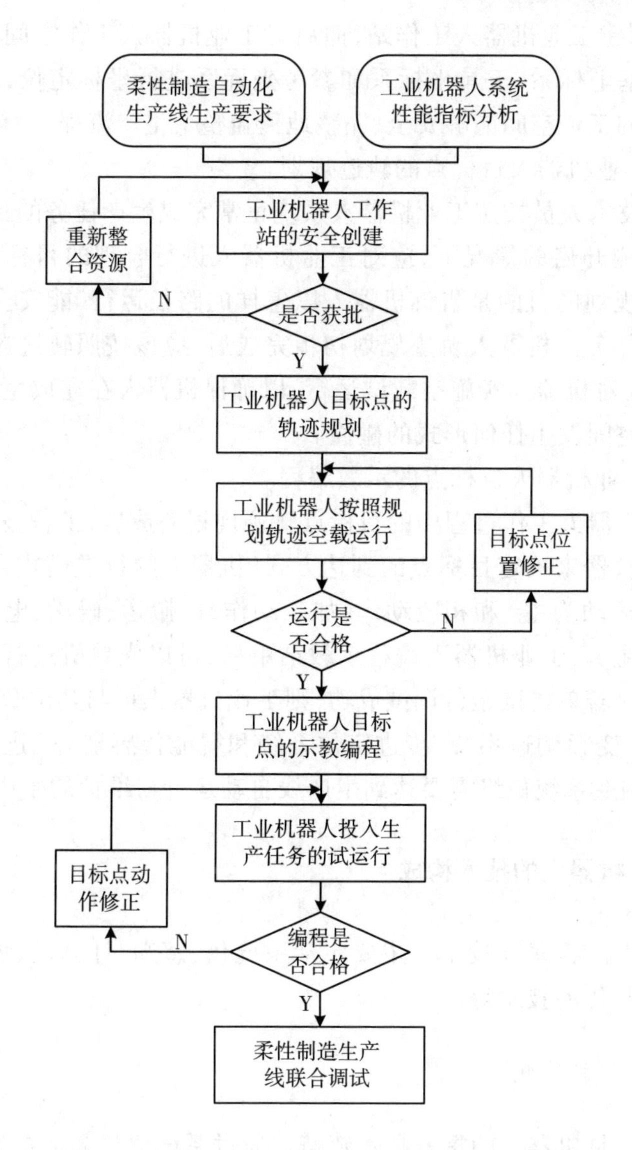

图 6-1　工业机器人技术工程应用的基本路线图

智能工业机器人及其配套的自动化控制装备是柔性制造系统的核心，对于工业机器人技术的工程应用主要包括以下几个重要环节。

（1）工业机器人工作站的创建。

按照客户对柔性制造系统的生产和控制要求，结合工业机器人系统的参数性能指标（本体安装方式、工具最大承重、本体作业半径、重复定位精度等），进行机器人本体、机器人工具和特制工件的选型。以上选型完成后,创建工业机器人工作站,而后对工业机器人工作空间的三大坐标系——基坐标系、工具坐标系和参考坐标系进行坐标定位,以确保工业机器人的工作空间能够安全、完整地覆盖整个生产流程。

(2)工业机器人目标点的轨迹规划。

工程技术人员按照工业机器人系统正常完成生产任务的工作流程,在碰撞检测开启的情况下,应对工业机器人进行合理的目标点轨迹规划。轨迹规划的目的是告诉机器人以怎样的路径运行,能安全、顺利地完成生产任务。机器人轨迹规划初步完成后,应该按照轨迹规划(无碰撞)的路径对机器人实施空载试运行,以确保机器人在完成生产任务时不与工作空间发生任何形式的碰撞。

(3)工业机器人目标点的示教编程。

工业机器人工作过程中的目标点轨迹规划完成后,工程技术人员可以通过示教器来确定目标点的到达方式(机器人的行进模式,以直线运动和圆弧运动为主)和相应动作(加工动作,以搬运、码垛、电焊、喷涂、装配等为主)。工业机器人编程示教结束后,可以先单机进行生产任务的试运行。若单机试运行调试成功,则工业机器人可与其配套的自动化控制装备(变频调速系统、步进定位系统和智能传感器等)进行联机调试;柔性制造系统最终需要达到生产线自动运行与维护的生产目标。

6.1.4 机器人的技术构成

机器人涵盖多种技术。主要包括系统化、感知、计算机、识别处理、判断、控制、传动技术等。

6.1.4.1 系统化

系统化是机器人的重要技术范畴。通过系统化将多项技术融合,或按照使用目的构建系统,是机器人开发的关键。迅速开展系统化的方式方法有很多,近年来,采用模块化和模拟器的方式最为流行。传统的机器人开发过程大多是“从零开始”,每一项功能都要进行研发,效率不高。而机器人组件出现之后,许多功能的再利用性提高了,一直以来的机器人开发方式也得以改变。机器人组件的设计模式遵循 OMG(对象管理组织,Object Management Group)的相关标准,并已实现大量的应用。例如,OpenRTC-aist 是日本一个开源的系统开发包,包括机器人作业智能模块、移动智能模块、通信模块等，应用这些组件有助于便捷地开发机器人系统。由于这些组件的大多源代码是公开的，开发者可以很方便地扩充更多的功能。除了机器人组件以外，OSRF（开源机器人基金会，Open Source Robotics Foundation）推动的ROS（机器人操作系统，Robot Operating System）也正在开始普及，基于ROS可以开发很多应用软件。而且，机器人组件与ROS正逐步开始兼容，进一步提升了机器人系统开发的便利性[①]。同时，模拟器作为一种用于快速开发的工具也是不可或缺的，目前根据具体用途的差异，有多机器人开模拟器，如OpenHRP、Webot、Gazebo、Choreonoid等都可离线模拟机器人的行动环境。

6.1.4.2 感知

机器人是一个综合了感知（sense）、判断（plan）、执行（act）等过程的复杂系统。这里所说的“感知”是第一个必备要素。人类有五种感觉器官（视觉、听觉、嗅觉、味觉、触觉），在机器人上广泛使用的有“三觉”传感器，即：视觉传感器、听觉传感器、触觉传感器。同时，还有“激光测距传感器”“GPS传感器”等机器人所特有的，赋予机器人人类不具备的感知功能的传感器。尤其值得一提的是距离图像传感器，它在近几年来已经成为机器人自律行动的基础。无人驾驶汽车就是因为采用了这些传感器，才得以实现无人驾驶。以往，这些传感器由于尺寸大小的关系，嵌入机器人内部比较困难，但近年来随着精密加工技术的进步，这些传感器在一些小型机器人中也可以使用了。除此之外，加速度传感器、陀螺仪传感器等智能手机如今广泛使用的传感器越来越小型化、低价化，开始在无人机等需要进行姿势控制的机器人设计中发挥重要的作用。

6.1.4.3 计算机

计算机性能的提升让以往计算成本很高的算法也可以实时处理。如图像处理、A*路径寻找算法等，便携式计算机也可以进行实时处理，这使得机器人自律行动的进程加速了。与此同时，一些处理器不断地缩小体积和降低电耗，也使得自律行动机器人的小型化成为可能。此外，

① 王喜文．工业机器人2.0智能制造时代的主力军[M].北京：机械工业出版社，2016.

还有一些大量配置处理器的分散协调控制型机器人的开发也很流行。

同时,一些高级机器人都有自己的操作系统,届时的问题就是实时性。近年来,Linux 等操作系统虽然具备了某种程度的实时性,但在进行严密的周期控制时,需要的是真正意义上的实时操作系统。根据功能的不同,ART、Linux, ITRON, VxWorks 将被广泛使用。这些操作系统应用了近年来流行的多核处理器,给每个内核进行功能分配,可以同步进行实时处理。

6.1.4.4 识别处理

机器人通过数据处理与分析来识别状态,这些识别技术渐渐地开始走入我们的生活之中。例如,智能手机用语音识别技术来实现文字输入已经很普遍;汽车中感知车距,将交通事故防患于未然的功能也很常见。这些识别技术大多是作为一个模块,由开发商提供的,使用非常方便。比如,在机器人组件或 ROS 之中,已包含了大量的识别模块。

(1)语音识别。Julius(由日本京都大学和日本信息处理机构联合开发的一个实用而高效的双通道大词汇连续语音识别引擎)是应用较多的语音识别引擎。

(2)图像识别。OpenCV(由英特尔开发的开源计算机视觉库)是应用较多的图像处理库。不仅包括基本的图像处理,还包括人脸检测和深度学习等新技术,有望成为通用性较高的图像处理库。

(3)自我定位。对于自律移动机器人来说,自我定位是一项最重要的技术。目前,大多采用蒙特卡罗方法(Monte Carlo method)进行位置测算,即使机器人处于动态变化的环境之中,也能够实现准确的自我定位。

6.1.4.5 判断

基于对状态的识别如何就执行作出决策,需要进行判断。也就是说,需要进行所谓的“思考”。比如判断如何行走,也就是制定“路径计划”,主要是指为自律移动机器人制定一条规避障碍物,抵达目的地的最优化路径。这里面常用的算法是代克思托演算法(Dijkstras algorithm)。

6.1.4.6 控制

控制赋予机器人“执行”选择好的行动的能力,以往较难控制的步行机器人、飞行机器人等,如今都可以稳定地进行控制。

(1)步行机器人。近年来,步行控制理论取得了显著的进展,美国波士顿动力公司的 Bigdog、Petman 等步行机器人,即使受到外界的阻力,也能够稳定地保持步行姿态。目前,美国谷歌以 Atlas 为平台的机器人技术研发正处于产业化阶段。

(2)飞行机器人。近年,四旋翼飞行器(Quadrotor)等飞行机器人使用起来越发便捷。来自陀螺仪传感器或加速度传感器的数值被用来推测姿势,控制旋翼转动,使机器人按照预定的轨道飞行和往返。

6.1.4.7 传动

机器人的传动系统一般使用电力驱动,也就是电机。此外,还有气压驱动和液压驱动。

(1)电力驱动。有的电机是独立运转的,但大多则是作为控制电路的一部分。在控制电路中,电机与计算机互相通信,能够控制角度和角速度。

(2)气压驱动。相对于电力驱动来说,使用气压驱动的传动系统重量较轻、功率较高,除了适用于关节结构的驱动外,还在很多需要具备跳跃功能的机器人中被广泛采用。

(3)液压驱动。液压驱动主要的优势是能满足大功率的需求。例如,4 足步行机器人 Bigdog 就是采用了液压驱动传动器,才实现了在 107 kg 体重下 154 kg 的负重。

6.2 工业机器人的结构

工业机器人由机器人本体和控制系统两部分组成。其中,机器人本体类似人的手臂和手腕;控制系统包含集成于控制柜中的控制软件和存储、运算单元等硬件,以及外部的示教器。

下面重点介绍工业机器人的机械本体和控制系统。

6.2.1 机械本体

常用的工业机器人的机械本体可以理解为由手部、腕部、手臂、腰部和底座构成的一个机械臂，由若干个关节（通常是4~6个）组成。每个关节由一个伺服系统控制，多个关节的运动需要各个伺服系统协同工作。在末端关节装配上专用工具后，即可执行各种抓取动作和操作作业①。

工业机器人机械本体的核心部件包含以下三个部分。

6.2.1.1 本体结构件

工业机器人机械本体主要由铸造及机加工工艺铸造，材料包括铸铁、铸钢、铝合金、工程塑料、碳纤维等。

机器人本体结构由以下几部分组成：

（1）底座：机械本体的基础，起支撑作用，通常固定在机器人操作平台或者移动设备上。

（2）腰部：机器人本体与底座连接的关节轴部件，用来支撑手臂及其他机构的运动。

（3）手臂：机器人的主体，是大臂和小臂的统称，用来支撑腕部和工具，使手部中心点能按特定的轨迹运动。

（4）腕部：连接手臂和工具，用来调整工具在空间的位置，或者更改工具和所夹持工件的姿态。

（5）手部：机器人的抓取组件，用来抓取工件。根据抓取方式可分为夹持类和吸附类两种，也可以进一步细分为夹钳式、弹簧夹持式、气吸式、磁吸式等多种。

6.2.1.2 伺服电机

伺服电机在机器人中用作执行单元，分为交流和直流两种，其中交流伺服电机在机器人行业中应用最为广泛，约占整个行业的65%。

---

① 青岛英谷教育科技股份有限公司．工业机器人集成应用[M]．西安：西安电子科技大学出版社，2019.

6.2.1.3 减速机

减速机用来精确控制机器人动作，传输更大的力矩。工业机器人最常用的减速机分为两种：

（1）安装在机座、大臂、肩膀等重负载位置的RV减速机。

（2）安装在小臂、腕部或手部等轻负载位置的谐波减速机。

RV减速器是工业机器人的核心部件，具有高精度、高刚性、体积小、速比大、承载能力大、耐冲击、转动惯量小、传动效率高、回差小等优点；广泛应用于工业机器人、伺服控制、精密雷达驱动、数控机床等高性能精密传动的场合，也适用于要求体积小、质量小的工程机械、移动车辆等装备的普通动力传动中[①]。

工业机器人核心零部件主要是伺服驱动系统、控制器、减速器。三大核心零部件占机器人成本的比例超过70%，其中减速器成本占比为三大核心零部件最高者，约为36%。全球减速器市场由日本企业纳博特斯克和哈默纳科形成垄断局面。2015年全球精密减速器市场大部分份额被日本的三家企业所占有，其中纳博特斯克生产的减速器，约占60%的份额，哈默纳科生产的减速器，约占15%的份额，住友生产的减速器，约占10%的份额。从具体的减速器分类上看，国外厂商生产RV减速器的主要是日本的纳博特斯克、住友和斯洛伐克的SPINEA三家公司；生产谐波减速器的主要是日本的哈默纳科和新宝两家公司。2017年，国产减速器在出货量上取得了新的突破，根据高工产研机器人研究所披露的数据显示，在RV减速器方面，出货量排名前十的企业中，共有5家中资企业，其中南通镇康表现最好，位列第三，排在日本企业纳博特斯克和住友之后。在谐波减速器方面，出货量排名前十的企业中，共有8家中资企业，其中苏州绿的表现最好，出货量仅次于日本巨头哈默纳科。

6.2.2 控制系统

机器人控制系统是机器人的重要组成部分，用于控制机器人各关节的位置、速度和加速度等参数，使机器人的工具能以指定的速度、按照指定的轨迹到达目标位置，并完成特定任务。

---

① 邓朝晖，万林林，邓辉，等.智能制造技术基础[M].武汉市：华中科技大学出版社，2017.

工业机器人的控制系统可分为控制器和控制软件两部分。控制器指的是控制系统的硬件部分,通常包括示教器、控制单元,运动控制器、存储单元、通信接口和人机交互模块等。控制器决定了机器人性能的优劣,是各大工业机器人厂商的核心技术,基本由厂商控制。而控制器中内置的控制软件是在控制器的结构基础上开发的,旨在为用户提供有限制的二次开发包,供用户进行基本功能的二次开发。

控制系统硬件成本仅占机器人总成本的10%~20%,但软件部分却承担着机器人大脑的职责。机器人的硬件零部件类似,采购成本也相似,但不同品牌机器人的精度和速度各不相同,根本原因是机器人控制系统对零部件的驾驭程度与效率的不同,因此控制系统是各大机器人厂商的核心竞争力所在。目前,全球四大机器人厂商均使用自主研发的控制系统,可见其重要性。有些二级机器人服务公司专门生产机器人控制系统,比如奥地利的keba控制系统以及我国的固高控制系统等。

控制系统的基本功能包括示教、存储、通信、感知等,下面分别进行介绍。

(1)示教功能。工业机器人的示教功能通常需要使用示教器。示教器是一种手持式硬件装置,是标准的机器人调试设备,也是控制系统的重要组成部分。使用示教器,可以手动控制机器人、调整机器人的姿态、修改并记录机器人的运动参数以及编写机器人程序。

(2)通信功能。机器人可以通过通信接口和网络接口与外围设备通信,从而根据外围设备的不同信息来控制机器人的运动。通信接口是机器人与其他设备进行信息交换的接口,通常包括串行接口、并行接口等。网络接口包括以太网Ethernet接口和现场总线Fieldbus接口:Ethernet接口允许机器人采用TCP/IP协议实现多台机器人之间或机器人与计算机之间的数据通信:Fieldbus接口则支持Devicenet、Profibus-DP、ABRemote I/O等现场总线协议。

(3)感知功能。为提高工业机器人对环境的适应能力,大多数现代工业机器人都拥有传感器接口。与人类有感官一样,机器人能通过各种类型的传感器感知外界环境,并针对不同的操作要求驱动各关节的动作。现代机器人的运动控制离不开传感器,常用的有工业摄像头、距离传感器、力传感器等。

(4)存储功能。机器人的存储器主要有存储芯片、硬盘等,主要用来存储作业顺序、运动路径、程序逻辑等数据,也可以存储其他重要的数据和参数。

6.3　工业机器人的驱动系统

6.3.1 工业机器人驱动系统概述

工业机器人的驱动系统是主要用于提供工业机器人各部位、各关节动作的原动力，直接或间接地驱动机器人本体，以获得工业机器人的各种运动的执行机构，工业机器人驱动系统的能量转换示意图如图 6-2 所示，要使工业机器人运行起来，需要给其各个关节即每个运动自由度安置驱动装置。

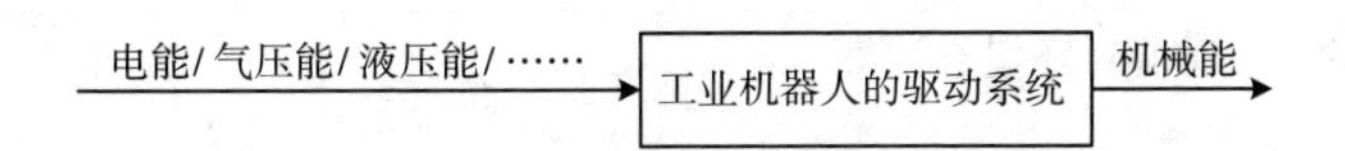

图 6-2　工业机器人驱动系统的能量转换示意图

工业机器人的驱动系统按动力源可分为液压驱动系统、气动驱动系统、电动驱动系统、复合式驱动系统和新型驱动系统，液压驱动系统、气动驱动系统和电动驱动系统为三种基本的驱动类型。根据需要，可采用这三种基本驱动类型中的一种，或由这三种基本驱动类型组合成复合式驱动系统。

工业机器人各种驱动方式的特点及比较如表 6-2 所示。

表 6-2　工业机器人各种驱动方式的特点及比较[①]

内容	液压驱动	气动驱动	电动驱动
输出功率	很大；压力范围为 50~1400 N/cm^2	大；压力范围为 40 ~ 60 N/cm^2，最大可达 100 N/cm^2	较大
控制性能	控制精度较高；可无级调速；反应灵敏；可实现连续轨迹控制	气体压缩性大；精度低；阻尼效果差；低速不易控制；难以实现伺服控制	控制精度高；反应灵敏；可实现高速、高精度的连续轨迹控制；伺服特性好，控制系统复杂

① 刘杰，王涛．工业机器人应用技术基础[M]．武汉：华中科技大学出版社，2019.

续表

内容	液压驱动	气动驱动	电动驱动
响应速度	很高	较高	很高
结构性能及体积	执行机构可标准化、模块化,易实现直接驱动,功率质量比大,体积小结构紧凑,密封问题较大	执行机构可标准化、模块化,易实现直接驱动,功率质量比较大,体积小,结构紧凑,密封问题较小	伺服电动机易于标准化,结构性能好,噪声低,电动机一般需配置减速装置;除 DD 电动机外,难以进行直接驱动,结构紧凑,无密封问题
安全性	防爆性能较好,用液压油作驱动介质,在一定条件下有火灾危险	防爆性能好,高于 1000kPa(10 个大气压)时应注意设备的抗压性	设备自身无爆炸和火灾危险;直流有刷电动机换向时有火花,防爆性能较差
对环境的影响	泄漏对环境有污染	排气时有噪声	很小
效率与成本	效率中等(0.3~0.6),液压元件成本较高	效率低(0.15~0.2),气源方便,结构简单,成本低	效率为 0.5 左右,成本高
维修及使用	方便,但油液对环境温度有一定要求	方便	较复杂
在工业机器人中的应用范围	适用于重载、低速驱动场合,电液伺服系统适用于喷涂机器人、重载点焊机器人和搬运机器人	适用于中小负载、快速驱动、精度要求较低的有限点位程序控制机器人,如冲压机器人、机器人本体的气动平衡及装配机器人气动夹具	适用于中小负载、要求具有较高的位置控制精度、速度较高的工业机器人,如 AC 伺服喷涂机器人、点焊机器人、弧焊机器人、装配机器人等

6.3.2 液压驱动

液压驱动是指以液体为工作介质进行能量传递和控制的一种驱动方式。根据能量传递形式不同,液体驱动又分为液力驱动和液压驱动。液力驱动主要是指利用液体动能进行能量转换的驱动方式,如液力耦合器和液力变矩器。液压驱动是指利用液体压力能进行能量转换的驱动方式。

液压驱动工业机器人是利用油液作为传递的工作介质。电动机带动液压泵输出压力油,将电动机输出的机械能转换成油液的压力能,压力油经过管道及一些控制调节装置等进入油缸，推动活塞杆运动，从而使机械臂产生伸缩、升降等运动，将油液的压力能又转换成机械能。在机械上采用液压驱动技术，可以简化机器的结构，减轻机器质量，减少材料消耗，降低制造成本，减轻劳动强度，提高工作效率和工作的可靠性。

6.3.3 气动驱动

气动驱动与液压驱动类似，只是气动驱动以压缩气体为工作介质，靠气体的压力传递动力或驱动信息的流体，传递动力的系统是将压缩气体经由管道和控制阀输送给气动执行元件，把压缩气体的压力能转换为机械能；传递信息的系统是利用气动逻辑元件或射流元件来实现逻辑运算等功能。

6.3.4 电动驱动

电动驱动是指利用电动机产生的力或力矩，直接或经过机械传动机构驱动工业机器人的关节，以获得所要求的位置、速度和加速度，即将电能变为机械能，以驱动工业机器人工作的一种驱动方式，如步进电动机驱动就是一种将电脉冲信号转化为位移或者是角位移的驱动方式，因为电动驱动省去了中间的能量转换过程，所以比液压驱动和气动驱动效率高。目前，除了个别运动精度不高、重负载或有防爆要求的采用液压驱动、气压驱动外，工业机器人大多采用电气驱动，驱动器布置方式大都为一个关节一个驱动器。电动驱动无环境污染响应快，精度高，成本低，控制方便。

6.4　工业机器人的控制技术

工业机器人采用多传感器系统，使其具有一定的智能，而多传感器信息融合技术则提高了机器人的认知水平。

多感觉智能机器人由机器人本体、控制器、驱动器、多传感系统、计算机系统和机器人示教盒构成，系统结构如图6–3所示。机器人系统采集外部环境信息，并结合机器人内部的位置传感器，基于多传感信息融合技术，对工作部件进行检测，并形成机器人的运动轨迹，从而可以完成工业机器人的智能应用作业任务。

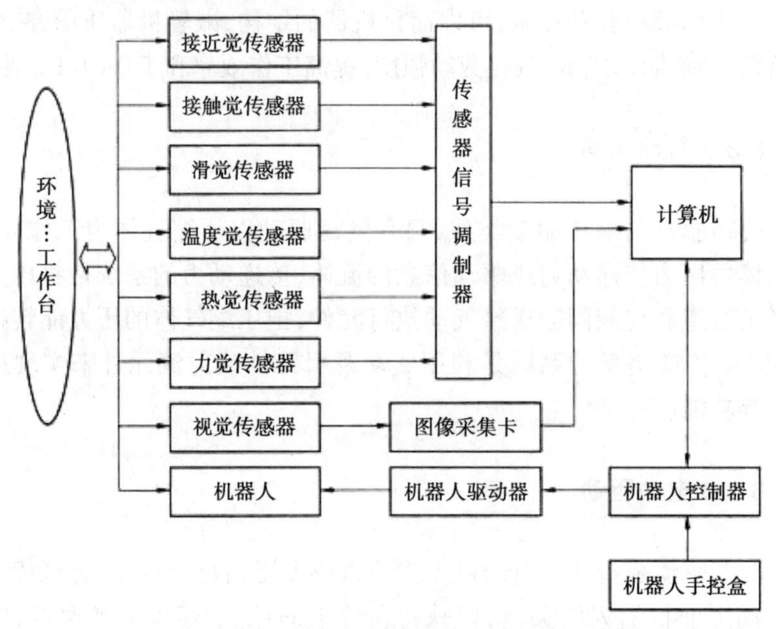

图 6-3 多感觉智能机器人系统结构图

工业机器人的智能应用已经在实验室和工厂自动化生产线进行了广泛应用，本节将对工业机器人常用的视觉控制和力觉控制进行详细阐述。

6.4.1 视觉传感

视觉测量是一种非接触式测量方式，其中，“双目视觉”是一种在“三维重建”“运动跟踪”“机器人导航”等众多领域应用广泛的立体视觉技术。机器视觉作为获得环境信息的主要手段之一，可以增加机器人的自主能力，提高其灵活性。采用双目视觉技术对目标进行匹配和位姿测量是目前发展的一个重要方向和有效工具，特别是在机器人应用领域，通过机器人上安装的相机来处理视频图片，通过视频反馈，机器人的定位精度将大大提高。

立体视觉是检测机动目标的空间位置及其姿态的一种有效方法。如图 6-4 所示，立体相机安装于机器人基座上方，并斜下方对射机动目标可能存在的区域，通过相机采集图像中目标物体的相关图像信息，检测分割目标的图像特征，并利用立体视觉成像机理恢复目标的三维空间姿态,从而导引机器人完成随动抓取任务。基于立体视觉的检测必须快速,并且能够需要适应光线变化以及目标特征的部分遮挡情况。

采用立体视觉相机检测目标,涉及单目相机标定、双目相机标定、图像处理、特征识别、特征匹配等技术,检测过程分为以下几步。

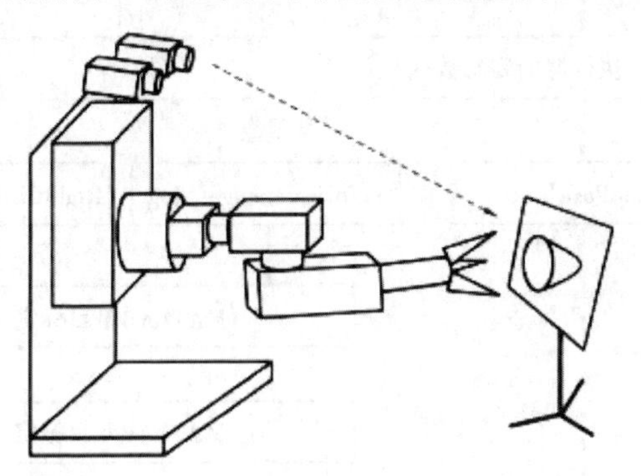

图 6-4 基于立体视觉的空间目标检测平台

6.4.1.1 立体视觉标定方法

相机标定流程的总体情况如图 6-5 所示。

(1)手持标定板在相机前变换姿态。

(2)在标定板姿态变化时,保证左右相机能够同时观测到目标图像。

(3)记录数据并在 MATLAB 中进一步标定立体视觉中的各个单目相机。

(4)在单目相机标定数据的基础上进一步标定立体视觉系统。

(5)在标定完立体视觉系统基础上,标定视觉与机器人基座的相对参数。

6.4.1.2 单目相机标定方法

基于 MATLAB 的相机标定工具包(Camera Calibration Toolbox),在调整完左右相机的焦距的基础上,分别拍摄若干幅棋盘格图像,通过选定棋盘格的角点,并按照单向视觉的针孔成像模型计算相机的内部参数,包括左右相机在图像中的焦距分量 f_u 、f_v ,主点坐标 u_o 、v_0 ,以及相机镜头的扭曲参数。

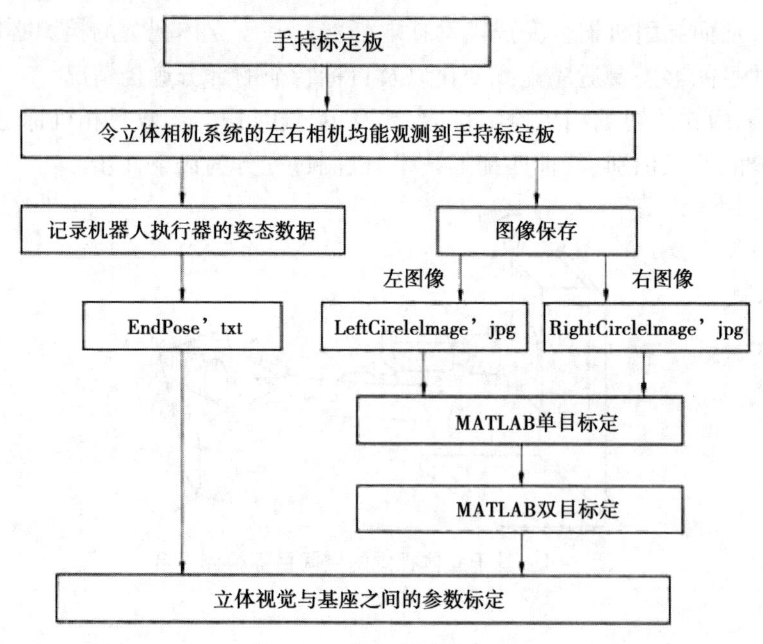

图 6-5　相机标定流程图

6.4.1.3 立体相机标定方法

在左右相机标定完成的基础上，进一步标定立体相机的外部参数，包括右相机相对于左相机的旋转矩阵参数 R 和平移矩阵 T。

6.4.1.4 手眼标定方法

由于机器人末端需要针对空间目标进行位置检测跟踪，立体视觉计算出的目标姿态及位置是相基于左摄像机坐标系，因此必须相应转化到机器人的基础坐标系下，手眼相机标定目的就是估计出立体视觉相对于基础坐标系的相关姿态变换参数 R_c、t_c，从而使目标物体的观测值能够转化为以基础坐标系为参考的测量值。

手眼标定的方法步骤如下：

（1）在机器人执行器末端放置预先设置好的标定模板。

（2）控制机器人的末端执行器运动到左相机均能观测的位置，记录左图像以及末端执行器相对于基础坐标系的变换参数 R_b、t_b。

（3）运动机器人，并继续采集图片到指定的数量。

(4)采用LM非线性最优化方法估计参数 R_c、t_c。

6.4.2 力觉传感

6.4.2.1 力觉传感器

力觉是指对机器人的指、肢和关节等运动中所受力的感知。机器人的力觉传感器是用来检测机器人自身与外部环境力之间相互作用力的传感器,一般包括作用力的3个分量和力矩的3个分量。机器人腕力传感器用来测量机器人最后一个连杆与其端部执行装置之间的作用力及其力矩分量。典型的力矩传感器分为以下几类。

(1)应变式力觉传感器。

应变式力觉传感器通过测量由于转矩作用在转轴上产生的应变来测量转矩。图6-6所示为应变片式力觉传感器,在沿轴向 ±45° 方向上分别粘贴有4个应变片,感受轴的最大正、负应变,将其组成全桥电路,则可输出与转矩成正比的电压信号。应变式转矩传感器具有结构简单、精度较高的优点。贴在转轴上的电阻应变片与测量电路一般通过集流环连接。因集流环存在触点磨损和信号不稳定等问题,因此不适于测量高速转轴的转矩。

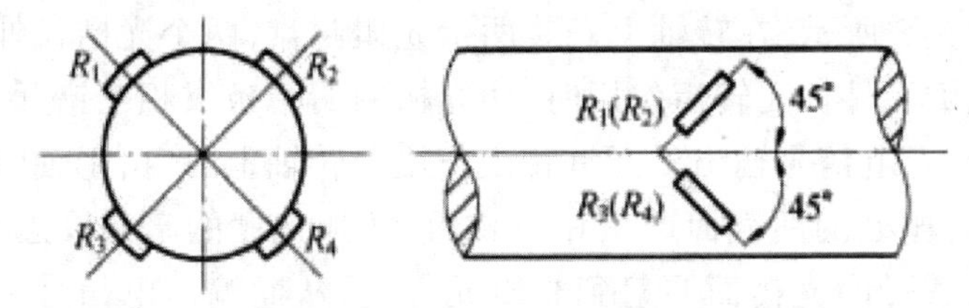

图6-6 应变式力觉传感器

(2)压磁式力觉传感器。

当铁和镍等强磁体在外磁场作用下被磁化时,磁偶极矩变化使磁畴之间的界限发生变化,晶界发生位移,从而产生机械形变,其长度发生变化,或者产生扭曲现象;反之,强磁体在外力作用下,应力引起应变,铁磁材料使磁畴之间的界限发生变化,晶界发生位移,导致磁偶极矩变化,从而使材料的磁化强度发生变化。前者为磁致伸缩效应,后者为压磁效应。利用后一种现象便可以测量力和力矩。应用这种原理制成的应变计有纵向磁致伸缩管等。

由铁磁材料制成的转轴，具有压磁效应，在受转矩作用后，沿拉应力方向磁阻减小，沿压应力方向磁阻增大。如图 6–7 所示，转轴未受转矩作用时，铁芯 B 上的绕组不会产生感应电势。当转轴受转矩作用时，其表面上出现各向异性磁阻特性，磁力线将重新分布，而不再对称，因此在铁芯 B 的线圈上产生感应电势。转矩越大，感应电势越大，在一定范围内，感应电势与转矩呈线性关系。这样就可通过测量感应电势 e 来测定轴上转矩的大小。压磁式转矩传感器是非接触测量，使用方便，结构简单可靠，基本上不受温度影响和转轴转速限制，而且输出电压很高，可达 10 V。

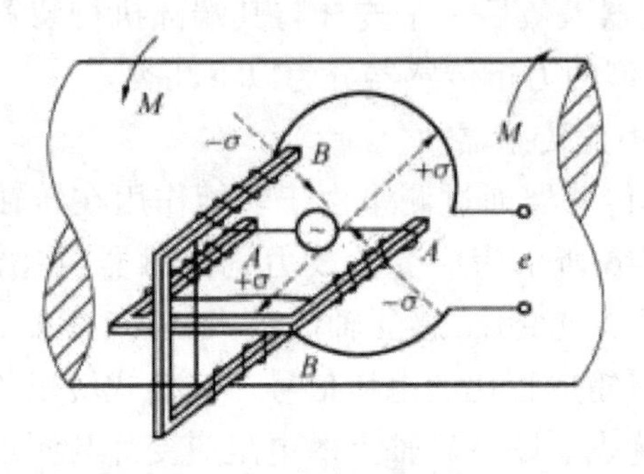

图 6–7　压磁式力觉传感器

（3）光电式力觉传感器。

如图 6–8 所示，在转轴上安装两个光栅圆盘，两个光栅盘外侧设有光源和光敏元件。无转矩作用时，两光栅的明暗条纹相互错开，完全遮挡住光路，无电信号输出。当有转矩作用于转轴上时，由于轴的扭转变形，安装光栅处的两截面产生相对转角，两片光栅的暗条纹逐渐重合，部分光线透过两光栅而照射到光敏元件上，从而输出电信号。转矩越大，扭转角越大，照射到光敏元件上的光越多，因而输出电信号也越大。

（4）振弦式转矩传感器。

如果将弦的一端固定，而在另一端上加上张力，那么在此张力的作用下，弦的振动频率发生变化。利用这个变化能够测量力的大小，利用这种弦振动原理也可以制作力觉传感器。图 6–9 是振弦式力觉传感器。在被测轴上相隔距离 l 的两个面上固定安装着两个测量环，两根振弦分别被夹紧在测量环的支架上。当轴受转矩作用时，两个测量环之间产生一相对转角，并使两根振弦中的一根张力增大，另一根张力减小，张力的改变将引起振弦自振频率的变化。自振频率与所受外力的平方根成正比,因此测出两振弦的振动频率差,就可知转矩大小。

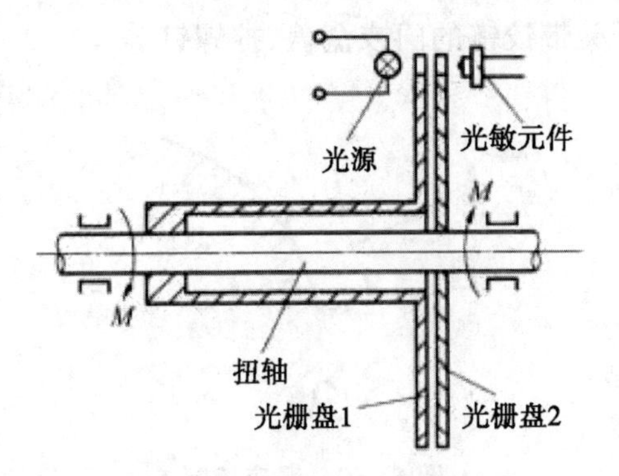

图 6-8 光电式力觉传感器

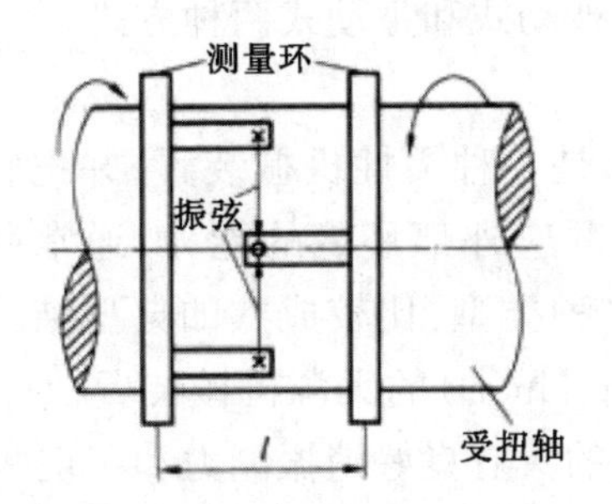

图 6-9 振弦式力觉传感器

6.4.2.2 机器人力控制技术

机器人力觉传感器及机器人技术应用的飞速发展,得益于专家学者对机器人力控制技术的长久研究和众多成果的积累。本小节从柔顺行为控制技术角度出发,介绍 3 种柔顺控制技术原理,分别为顺应控制、阻抗控制和力 / 位置混合控制。

(1)顺应控制。

由于力只有在两个物体相接触后才能产生,因此力控制是首先将环境考虑在内的控制问题。所谓顺应控制是指末端执行器与环境接触后,在环境约束下的控制问题。如图 6-10 所示,要求在曲面 s 的法线方向施加一定的力 F,然后以一定的速度 v 沿曲面运动。为了开拓机器人的应用领域,顺应控制变得越来越重要。

顺应控制又称依从控制或柔顺控制,它是在机器人的操作手受到外部环境约束的情况下,对机器人末端执行器的位置和力的双重控制。顺应控制对机器人在复杂环境中完成任务是很重要的，如装配、铸件打毛刺、旋转曲柄、开关带铰链的门或盒盖、拧螺钉等。

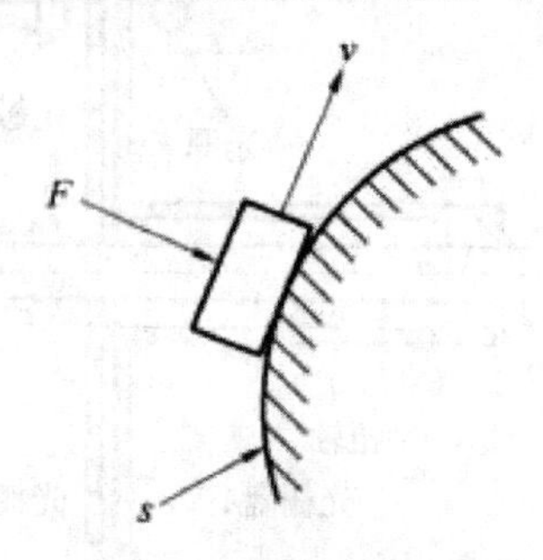

图 6-10 顺应控制

顺应控制可分为被动式和主动式两种方式。

①被动式。

被动式顺应控制是一种柔性机械装置，并把它安装在机械手的腕部，用来提高机械手顺应外部环境的能力，通常称之为柔顺手腕。这种装置的结构有很多种类型，比较成熟的典型结构是一种称之为 RCC（Remote Center Compliance）的无源机械装置，它是一种由铰链连杆和弹簧等弹性材料组成的具有良好消振能力和一定柔顺的无源机械装置。该装置有一个特殊的运动学特性，即在它的中心杆上有一个特殊的点，称为柔顺中心（Compliance Center），如图 6-11 所示。若对柔顺中心施加力，则使中心杆产生平移运动；若把力矩施加到该点上，则产生对该点的旋转运动。当受到力或力矩作用时，RCC 机构发生偏移变形和旋转变形，可以吸收线性误差和角度误差，因此可以顺利地完成装配任务。该点往往被选为工作坐标的原点[①]。

被动方法的顺应控制是非常廉价和简单的，因为不需要力 / 力矩传感器，并且预设的末端执行器轨迹在执行期间也不需要变化。此外，被动柔顺结构的响应远快于利用计算机控制算法实现的主动重定位。但是对于每个机器人在作业都必须设计和安装一个专用的柔顺末端执行器，因此在工业上的应用缺乏灵活性。最后由于没有力的测量，它也不能确保很大的接触力不会出现。

① 刘杰，王涛．工业机器人应用技术基础[M]．武汉：华中科技大学出版社，2019.

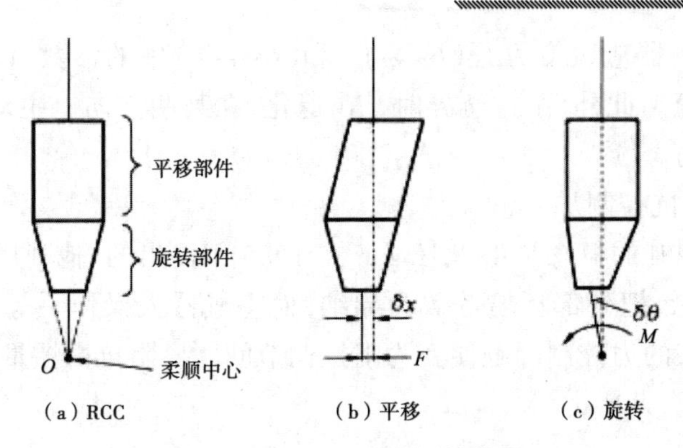

图 6-11 RCC 无源机械装置

②主动式。

末端件的刚度取决于关节伺服刚度、关节机构的强度和连杆的刚度。因此可以根据末端件预期的刚度，计算出关节刚度。设计适当的控制器，可以调整关节伺服系统的位置增益，使关节的伺服刚度与末端件的刚度相适应。

假设末端件的预期刚度用 $\boldsymbol{K}_{\mathrm{p}}$ 来描述，在指令位置 x_{d} 处（顺应中心）形成微小的位移 $\Delta\boldsymbol{x}$，则作用在末端件的力为

$$\boldsymbol{F}\text{-}\boldsymbol{K}_{\mathrm{p}}\Delta\boldsymbol{x} \tag{6-4-1}$$

式中，$\boldsymbol{F}$、$\boldsymbol{K}_{\mathrm{P}}$ 和 $\Delta\boldsymbol{x}$ 都是在作业空间描述的；$\boldsymbol{K}_{\mathrm{P}}$ 为 6×6 的对角阵，对角线上的元素依次为三个线性刚度和 3 个扭转刚度。沿力控方向取最小值，沿位置控制方向取最大值，末端件上的力表现为关节上的力矩，即

$$\tau=\boldsymbol{J}^{\mathrm{T}}(\boldsymbol{q})\boldsymbol{F} \tag{6-4-2}$$

根据机器人的雅可比矩阵的定义有

$$\Delta\boldsymbol{x}=\boldsymbol{J}(\boldsymbol{q})\Delta\boldsymbol{q} \tag{6-4-3}$$

由式（6-4-1）~（6-4-3）可以写出

$$\tau=\boldsymbol{J}^{\mathrm{T}}(\boldsymbol{q})\boldsymbol{K}_{\mathrm{p}}\boldsymbol{J}(\boldsymbol{q})\Delta\boldsymbol{q}=\boldsymbol{K}_{\mathrm{p}}\Delta\boldsymbol{q} \tag{6-4-4}$$

令 $\boldsymbol{K}_{\mathrm{q}}=\boldsymbol{J}^{\mathrm{T}}(\boldsymbol{q})\boldsymbol{K}_{\mathrm{p}}\boldsymbol{J}(\boldsymbol{q})$，称为关节刚度矩阵，它将方程（6-4-1）中在作业空间表示的刚度变换为以关节力矩和关节位移表示的关节空间的刚度。也就是说，只要是期望手爪在作业空间的刚度矩阵 $\boldsymbol{K}_{\mathrm{P}}$ 代入方程（6-4-4），就可以得到相应的关节力矩，实现顺应控制。关节刚度 $\boldsymbol{K}_{\mathrm{q}}$ 不是对角矩阵，这就意味着 i 关节的驱动力矩 τ_i，不仅取决于 $\Delta q_i(i=1,\cdots,6)$，而且与 $\Delta q_j(j\neq i)$ 有关。另一方面，雅可比矩阵是位置的函数，因此关节力矩引起的位移可能使刚度发生变化。这样，要求机

器人的控制器应改变方程(6-4-1)和(6-4-4)中的参数,以产生相应的关节力矩。此外,手臂奇异时,$\boldsymbol{K}_q$ 退化,在某些方向上主动刚度控制是不可能的。

(2)阻抗控制。

阻抗控制的概念是由 N.Hogan 在 1985 年提出的,他利用 Norton 等效网络概念,把外部环境等效为导纳,而将机器人操作手等效为阻抗,这样机器人的力控制问题便变为阻抗调节问题。阻抗由惯量、弹簧及阻尼 3 项组成,期望力为

$$\boldsymbol{F}_d = \boldsymbol{K}\Delta x + \boldsymbol{B}\Delta\dot{x} + \boldsymbol{M}\Delta\ddot{x} \tag{6-4-5}$$

式中,$\Delta \boldsymbol{x} = \boldsymbol{x}_d - \boldsymbol{x}$ 为名义位置;x 为实际位置。它们的差 $\Delta \boldsymbol{x}$ 为位置误差,$\boldsymbol{K}$、$\boldsymbol{B}$、$\boldsymbol{M}$ 为弹性、阻尼和惯量系数矩阵,一旦 $\boldsymbol{K}$、$\boldsymbol{B}$、$\boldsymbol{M}$ 被确定,就可得到笛卡尔坐标的期望动态响应。计算关节力矩时,无须求运动学逆解,而只需计算正运动学方程和 Jacobian 矩阵的逆 $\boldsymbol{J}^{-1}$。

在图 6-12 中,$\boldsymbol{X}_E$ 为期望位置,$\boldsymbol{K}_E$ 为期望弹性矩阵当阻尼反馈矩阵 $\boldsymbol{K}_{f2}$=0 时,称为刚度控制。刚度控制是用刚度矩阵 $\boldsymbol{K}_P$ 来描述机器人末端作用力与位置误差的关系,即

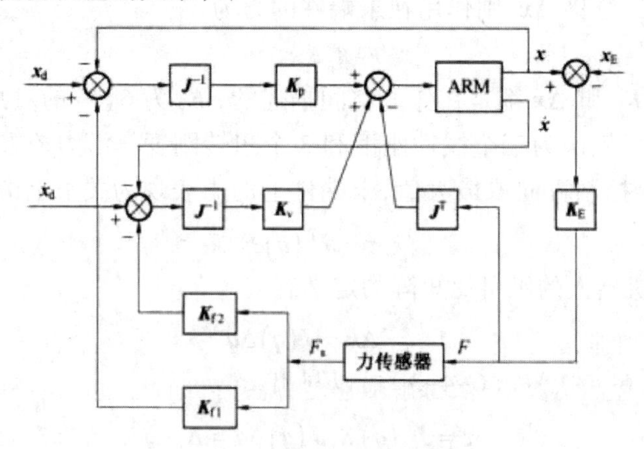

图 6-12 阻抗控制结构图

$$\boldsymbol{F}(t) = \boldsymbol{K}_p\Delta\boldsymbol{x} \tag{6-4-6}$$

式中,$\boldsymbol{K}_P$ 通常为对角阵,即 $\boldsymbol{K}_p = diag\left[K_{p1} \quad K_{p2} \quad \cdots \quad K_{p6}\right]$。刚度控制的输入为末端执行器在直角坐标中的名义位置,力约束则隐含在刚度矩阵 $\boldsymbol{K}_P$ 中,调整 $\boldsymbol{K}_P$ 中对角线元素值,就可改变机器人的顺应特性。

阻抗控制则是用阻抗矩阵 $\boldsymbol{K}_v$ 来描述机器人末端作用力与运动速度

的关系,即

$$F(t) = K_v \Delta x \tag{6-4-7}$$

式中,K_v 是六维的阻抗系数矩阵,阻抗控制由此得名。通过调整 K_v 中元素值,可改变机器人对运动速度的阻抗作用。

阻抗控制本质上还是位置控制,因为其输入量为末端执行器的位置期望值 x_d(对刚度控制而言)和速度的期望值 $\dot{x}_d$(对阻抗控制而言)。但由于增加了力反馈控制环,使其位置偏差 Δx 和速度偏差 $\Delta\dot{x}$ 与末端执行器和外部环境的接触力的大小有关,从而实现力的闭环控制。这里力 - 位置和力 - 速度变换是通过刚度反馈矩阵 K_{f1} 和阻尼反馈矩阵 K_{f2} 来实现的。

这样系统的闭环刚度可求出:

当 $K_{f2}=0$ 时,有

$$K_{ep} = \left(I + K_p K_{f1}\right)^{-1} K_p \tag{6-4-8}$$

$$K_{f1} = K_{ep}^{-1} - K_p^{-1} \tag{6-4-9}$$

当 $K_{f1}=0$ 时,有

$$K_{ev} = \left(I + K_v K_{f2}\right)^{-1} K_v \tag{6-4-10}$$

$$K_{f2} = K_{ev}^{-1} - K_v^{-1} \tag{6-4-11}$$

(3)力 / 位置混合控制。

力 / 位置混合控制的目的是将对末端执行器运动和接触力的同时控制分成两个解耦的单独子问题。在接下来的部分对刚性环境和柔性环境两种情况,给出了混合控制框架下的主要控制方法。

①分解加速度方法。

与运动控制情况一样,分解加速度方法的目的是通过逆动力学控制律,在加速度层次对非线性的机器人动力学进行解耦合线性化。在与环境存在相互作用的情况下,寻找力控制子空间和速度控制子空间之间的完全解耦。

刚性环境。对于刚性环境,外部力螺旋可以写成 $h_e=S_f\lambda$ 的形式。

其中

$$\lambda = \Lambda(q)\left\{S_f^T \Lambda^{-1}(q) h_e - \mu(q,\dot{q}) + \dot{S}_f^T v_e\right\} \tag{6-4-12}$$

式中,伪惯性矩阵 $\Lambda(q) = J^{-1}(q) H(q) J(q)^{-1}$,$\Lambda_f(q) = \left(S_f^T \Lambda^{-1} S_f\right)^{-1}$,$\mu(q,\dot{q}) = \Gamma\dot{q} + \eta$,

q 是关节变量 $\boldsymbol{S}_{\mathrm{f}}=\boldsymbol{J}^{-\mathrm{T}}(\boldsymbol{q})\boldsymbol{J}_{\phi}^{\mathrm{T}}(\boldsymbol{q})$，$\boldsymbol{J}_{\phi}(\boldsymbol{q})=\partial\boldsymbol{\Phi}/\partial\boldsymbol{q}$ 是 $\boldsymbol{\Phi}(\boldsymbol{q})$ 的 $m\times6$ 雅可比矩阵，$\boldsymbol{\Phi}(\boldsymbol{q})=0$ 是运动学约束方程在关节空间中表示，向量 $\boldsymbol{\Phi}$ 是 $m\times1$ 的函数；$\boldsymbol{H}(\boldsymbol{q})$ 是 $n\times n$ 维惯量矩阵，$\boldsymbol{J}(\boldsymbol{q})$ 是 $n\times n$ 维雅可比矩阵；$\boldsymbol{v}_{\mathrm{e}}=\boldsymbol{S}_{\mathrm{v}}(\boldsymbol{q})\boldsymbol{v}$，$6\times(6-m)$ 矩阵 $\boldsymbol{S}_{\mathrm{v}}$ 的列张成速度控制子空间，$\boldsymbol{v}$ 是适当的 $(6-\boldsymbol{m})\times1$ 维向量；$\boldsymbol{F}(\boldsymbol{q},\dot{\boldsymbol{q}})=\boldsymbol{J}^{-\mathrm{T}}(\boldsymbol{q})\boldsymbol{C}(\boldsymbol{q},\dot{\boldsymbol{q}})\boldsymbol{J}^{-1}(\boldsymbol{q})-\boldsymbol{\Lambda}(\boldsymbol{q})\boldsymbol{J}^{-1}(\boldsymbol{q})$，$\boldsymbol{C}(\boldsymbol{q},\dot{\boldsymbol{q}})$ 是科里奥利力的 $n\times n$ 维向量：$\boldsymbol{\eta}(\boldsymbol{q})=\boldsymbol{J}^{-\mathrm{T}}\tau_{g}(\boldsymbol{q})$是重力的 $n\times1$ 维向量。

因此，约束动态可以重写为

$$\boldsymbol{\Lambda}(\boldsymbol{q})\dot{\boldsymbol{v}}_{\mathrm{e}}+\boldsymbol{S}_{\mathrm{f}}\boldsymbol{\Lambda}_{\mathrm{f}}(\boldsymbol{q})\dot{\boldsymbol{S}}_{\mathrm{f}}^{\mathrm{T}}\boldsymbol{v}_{\mathrm{e}}=\boldsymbol{P}(\boldsymbol{q})\left[\boldsymbol{h}_{\mathrm{e}}-\boldsymbol{\mu}(\boldsymbol{q},\dot{\boldsymbol{q}})\right] \quad (6\text{-}4\text{-}13)$$

其中，$\boldsymbol{P}(\boldsymbol{q})=\boldsymbol{I}-\boldsymbol{S}_{\mathrm{f}}\boldsymbol{\Lambda}_{\mathrm{f}}\boldsymbol{S}_{\mathrm{f}}^{\mathrm{T}}\boldsymbol{\Lambda}^{-1}$。

式（6-4-12）说明力乘子向量 $\boldsymbol{\lambda}$ 也瞬时地取决于施加的输入力螺旋 $\boldsymbol{h}_{\mathrm{e}}$。因此，通过适当的选取 $\boldsymbol{h}_{\mathrm{e}}$，有可能直接控制那些趋于违反约束的力螺旋的 m 个独立分量；另一方面，式（6-4-13）表示一组 6 个二阶微分方程，如果初始化到约束上，则方程的解一直自动地满足约束方程

$$\boldsymbol{\Phi}(\boldsymbol{q})=0 \quad (6\text{-}4\text{-}14)$$

柔顺环境。在柔顺环境情况下，末端执行器的扭矢可以分解为

$$\boldsymbol{v}_{\mathrm{e}}=\boldsymbol{S}_{\mathrm{v}}\boldsymbol{v}+\boldsymbol{C}'\boldsymbol{S}_{\mathrm{f}}\dot{\boldsymbol{\lambda}} \quad (6\text{-}4\text{-}15)$$

式中，第一项是自由扭矢；第二项是约束扭矢。假设接触几何和柔顺是不变的，即 $\dot{\boldsymbol{S}}_{\mathrm{v}}=0$，$\dot{\boldsymbol{C}}'=0$ 和 $\dot{\boldsymbol{S}}_{\mathrm{f}}=0$，对于加速度也有类似的分解成立：

$$\dot{\boldsymbol{v}}_{\mathrm{e}}=\boldsymbol{S}_{\mathrm{v}}\dot{\boldsymbol{v}}+\boldsymbol{C}'\boldsymbol{S}_{\mathrm{f}}\ddot{\boldsymbol{\lambda}} \quad (6\text{-}4\text{-}16)$$

②基于无源性的方法。

基于无源性的方法利用了操作手动力学模型的无源特性，其对于有约束的动力学模式也是成立的。很容易看出对能在关节空间保证矩阵 $\dot{\boldsymbol{H}}(\boldsymbol{q})-2\boldsymbol{C}(\boldsymbol{q},\dot{\boldsymbol{q}})$ 的反对称性的矩阵 $\boldsymbol{C}(\boldsymbol{q},\dot{\boldsymbol{q}})$ 的选取，也会使矩阵 $\dot{\boldsymbol{\Lambda}}(\boldsymbol{q})-2\boldsymbol{\Gamma}(\boldsymbol{q},\dot{\boldsymbol{q}})$为反对称。这是在无源性控制算法基础上的拉格朗日系统基本特性。

刚性环境。控制力螺旋 $\boldsymbol{h}_{\mathrm{e}}$ 可以选取为

$$\boldsymbol{h}_{\mathrm{e}}=\boldsymbol{\Lambda}(\boldsymbol{q})\boldsymbol{S}_{\mathrm{v}}\dot{\boldsymbol{v}}_{\mathrm{r}}+\boldsymbol{\Gamma}'(\boldsymbol{q},\dot{\boldsymbol{q}})\boldsymbol{v}_{\mathrm{r}}+\left(\boldsymbol{S}_{\mathrm{v}}^{+}\right)\boldsymbol{T}+\boldsymbol{K}_{\mathrm{v}}(\boldsymbol{v}_{\mathrm{r}}-\boldsymbol{v})+\boldsymbol{\eta}(\boldsymbol{q})+\boldsymbol{S}_{\mathrm{f}}\boldsymbol{f}_{\lambda} \quad (6\text{-}4\text{-}17)$$

式中，$\boldsymbol{\Gamma}'(\boldsymbol{q},\dot{\boldsymbol{q}})=\boldsymbol{\Gamma}\boldsymbol{S}_{\mathrm{v}}+\boldsymbol{\Lambda}_{\mathrm{l}}$；$K_{\mathrm{v}}$ 是合适的对称正定矩阵；v_{r} 和 f_{λ} 是适当设计的控制输入。把式（6-4-17）代入式（6-4-14），得

$$\boldsymbol{\Lambda}(\boldsymbol{q})\boldsymbol{S}_{\mathrm{v}}\dot{\boldsymbol{s}}_{\mathrm{v}}+\boldsymbol{\Gamma}'(\boldsymbol{q},\dot{\boldsymbol{q}})\boldsymbol{s}_{\mathrm{v}}+\left(\boldsymbol{S}_{\mathrm{v}}^{+}\right)^{\mathrm{T}}\boldsymbol{K}_{\mathrm{v}}\boldsymbol{s}_{\mathrm{v}}+\boldsymbol{S}_{\mathrm{f}}\left(\boldsymbol{f}_{\lambda}-\boldsymbol{\lambda}\right)=0 \quad (6\text{–}4\text{–}18)$$

其中，$\dot{\boldsymbol{s}}_{\mathrm{v}}=\dot{\boldsymbol{v}}_{\mathrm{r}}-\dot{\boldsymbol{v}}$ 和 $\boldsymbol{s}_{\mathrm{v}}=\boldsymbol{v}_{\mathrm{r}}-\boldsymbol{v}$ 表明闭环系统仍保留非线性和耦合。式（6–4–18）两边都左乘矩阵 $\boldsymbol{S}_{\mathrm{v}}$，可以得到下面的降阶动力学表达式

$$\boldsymbol{\Lambda}_{\mathrm{v}}(\boldsymbol{q})\dot{\boldsymbol{s}}_{\mathrm{v}}+\boldsymbol{\Gamma}_{\mathrm{v}}(\boldsymbol{q},\dot{\boldsymbol{q}})\boldsymbol{s}_{\mathrm{v}}+\boldsymbol{K}_{\mathrm{v}}\boldsymbol{s}_{\mathrm{v}}=0 \quad (6\text{–}4\text{–}19)$$

其中，$\boldsymbol{\Gamma}_{\mathrm{v}}=\boldsymbol{S}_{\mathrm{v}}^{\mathrm{T}}\boldsymbol{\Gamma}(\boldsymbol{q},\dot{\boldsymbol{q}})\boldsymbol{s}_{\mathrm{v}}+\boldsymbol{S}_{\mathrm{v}}^{\mathrm{T}}\boldsymbol{\Lambda}(\boldsymbol{q})\dot{\boldsymbol{S}}_{\mathrm{v}}$。可以很容易看出矩阵 $\dot{\boldsymbol{\Lambda}}_{\mathrm{v}}(\boldsymbol{q})-2\boldsymbol{\Gamma}_{\mathrm{v}}(\boldsymbol{q},\dot{\boldsymbol{q}})$ 的反对称性意味着矩阵 $\dot{\boldsymbol{\Lambda}}_{\mathrm{v}}(\boldsymbol{q})-2\boldsymbol{\Gamma}_{\mathrm{v}}(\boldsymbol{q},\dot{\boldsymbol{q}})$ 也是反对称的。

柔顺环境。控制力螺旋 $\boldsymbol{h}_{\mathrm{c}}$ 可以选取为

$$\boldsymbol{h}_{\mathrm{c}}=\boldsymbol{\Lambda}(\boldsymbol{q})\dot{\boldsymbol{v}}_{\mathrm{r}}+\boldsymbol{\Gamma}(\boldsymbol{q},\dot{\boldsymbol{q}})\boldsymbol{v}_{\mathrm{r}}+\boldsymbol{K}_{\mathrm{s}}\left(\boldsymbol{v}_{\mathrm{r}}-\boldsymbol{v}\right)+\boldsymbol{h}_{\mathrm{e}}+\boldsymbol{\eta}(\boldsymbol{q}) \quad (6\text{–}4\text{–}20)$$

式中，$\boldsymbol{K}_{\mathrm{s}}$ 是合适的对称正定矩阵；$\boldsymbol{V}_{\mathrm{r}}$ 及其时间导数 $\boldsymbol{V}_{\mathrm{r}}$ 则选取为

$$\boldsymbol{v}_{\mathrm{r}}=\boldsymbol{v}_{\mathrm{d}}+\alpha\Delta\boldsymbol{x} \quad (6\text{–}4\text{–}21)$$

$$\dot{\boldsymbol{v}}_{\mathrm{r}}=\dot{\boldsymbol{v}}_{\mathrm{d}}+\alpha\Delta\boldsymbol{v} \quad (6\text{–}4\text{–}22)$$

式中，α 是正增益；.. 是时间导数；$\dot{\boldsymbol{v}}_{.}$ 是适当地设计的控制输入；$\Lambda\boldsymbol{v}=\boldsymbol{v}\ -\boldsymbol{v}$，并且 $\Delta\boldsymbol{x}=\int_0^t\Delta\boldsymbol{v}\mathrm{d}t$，把式（6–4–20）代入式（6–4–14）得

$$\boldsymbol{\Lambda}(\boldsymbol{q})\dot{\boldsymbol{s}}+\boldsymbol{\Gamma}(\boldsymbol{q},\dot{\boldsymbol{q}})\boldsymbol{s}+\boldsymbol{K}_{\mathrm{s}}\boldsymbol{s}=0 \quad (6\text{–}4\text{–}23)$$

其中，$\dot{\boldsymbol{s}}=\dot{\boldsymbol{v}}_{\mathrm{r}}-\dot{\boldsymbol{v}}_{\mathrm{e}}$，$\boldsymbol{s}=\boldsymbol{v}_{\mathrm{r}}$。

③分解速度方法。

分解加速度方法以及基于无源性的方法都需要改造现有工业机器人控制器。像阻抗控制那样，如果接触足够柔顺，运动控制的机器人闭环动态可以由对应于速度分解控制的 $\dot{\boldsymbol{v}}_{\mathrm{e}}=\boldsymbol{v}_{\mathrm{r}}$ 近似。

按照末端执行器扭矢分解（6–4–15），要实现力和速度控制，控制输入 $\boldsymbol{v}_{\mathrm{r}}$ 可以选取为

$$\boldsymbol{v}_{\mathrm{r}}=\boldsymbol{S}_{\mathrm{v}}\boldsymbol{v}_{\mathrm{v}}+\boldsymbol{C}'\boldsymbol{S}_{\mathrm{f}}\boldsymbol{f}_{\lambda} \quad (6\text{–}4\text{–}24)$$

其中

$$\boldsymbol{v}_{\mathrm{v}}=\boldsymbol{v}_{\mathrm{d}}(t)+\boldsymbol{K}_{\mathrm{Iv}}\int_0^t\left[\boldsymbol{v}_{\mathrm{d}}(t)-\boldsymbol{v}(t)\right]\mathrm{d}t \quad (6\text{–}4\text{–}25)$$

$$\boldsymbol{f}_{\lambda}=\dot{\boldsymbol{\lambda}}_{\mathrm{d}}(t)+\boldsymbol{K}_{\mathrm{P\lambda}}\left[\boldsymbol{\lambda}_{\mathrm{d}}(t)-\boldsymbol{\lambda}(t)\right] \quad (6\text{–}4\text{–}26)$$

式中，$\boldsymbol{K}_{\mathrm{Iv}}$ 和 $\boldsymbol{K}_{\mathrm{P\lambda}}$ 是合适的对称正定矩阵增益。速度控制和力控制子空间之间的解耦，以及闭环系统的指数渐近稳定性可以像分解加速度方法中一样证明。而且，由于力误差具有二阶动态，可以在式（6–4–26）上增加一个积分作用来提高扰动抑制能力，即

$$\boldsymbol{f}_{\lambda}=\dot{\boldsymbol{\lambda}}_{\mathrm{d}}(t)+\boldsymbol{K}_{\mathrm{P\lambda}}\left[\boldsymbol{\lambda}_{\mathrm{d}}(t)-\boldsymbol{\lambda}(t)\right]+\boldsymbol{K}_{\mathrm{Iv}}\int_0^t\left[\boldsymbol{v}_{\mathrm{d}}(t)-\boldsymbol{v}(t)\right]\mathrm{d}t \quad (6\text{–}4\text{–}27)$$

并且如果矩阵 $\boldsymbol{K}_{P\lambda}$ 和 $\boldsymbol{K}_{Iv}$ 是对称正定的,可以保证指数渐进稳定性。

与分解加速度方法一样,如果在式(6-4-23)中使用环境刚度矩阵的估计 $\hat{c}$,对于式(6-4-25)和式(6-4-26)仍然还能保证 λ 指数收敛到常数 λ_d。

6.5 工业机器人的应用

6.5.1 弧焊机器人的应用

汽车前桥焊接机器人工作站是一个以弧焊机器人为中心的综合性强、集成度高、多设备协同运动的焊接工作单元,工作站的设计需要结合用户需求,分析焊接工件的材料、结构及焊接工艺要求,规划出合理的方案。在制作总体方案之前,首先应考虑以下三方面的问题。

(1)焊接夹具具体尺寸的估算。根据汽车前桥的结构特点和焊接工艺,分析工件的定位夹紧方案并留有一定余地,估算出焊接夹具的外形及大小。

(2)确定变位机的基本形式。焊接夹具应当能够变换位置,使工件各处的焊缝可以适应机器人可能的焊枪姿态;另外,为充分发挥机器人的工作能力,缩短焊接节拍,要把工件的装卸时间尽量和机器人工作时间重合起来,最好采用两套变位机,变位机采用翻转变位机形式。

(3)设备选型。按承载能力、作业范围及工件材料焊接特点等,选定机器人和焊机的型号。

6.5.1.1 工作站整体结构

根据经济性原则、合理布局(有效利用厂房现有的布局空间)、科学生产(人员少、产量高且工人劳动强度低)、生产效率高、安全生产(避免焊枪与周边设备发生干涉)等原则,汽车前桥焊接工作站的整体布局如图 6-13 所示。

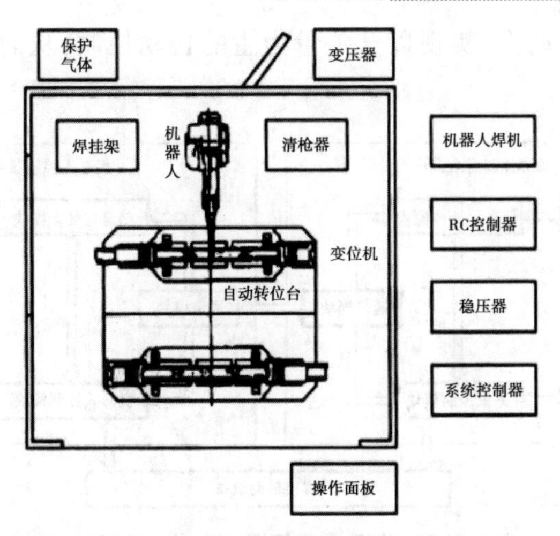

图 6-13　汽车前桥焊接机器人工作站整体布局

汽车前桥焊接机器人工作站的组成包括机器人系统、AC 伺服双轴变位机、自动转位台、焊接夹具、工作站系统控制器、焊机、焊接辅助设备等。其中,弧焊机器人采用日本安川 MA1400 型机器人,焊机采用配套的 RD350 焊机。该机器人采用扁平型交流伺服电动机,结构紧凑、响应快、效率高,带有防碰撞系统,可以检测出示教、自动模式下机器人与周边设备之间的碰撞,机器人焊枪姿态变化时,焊接电缆弯曲小,送丝平稳,能够连续稳定工作[①]。RD350 型焊机采用 100 kHz 高速逆变器控制,通过 DSP 控制电流、电压以及对送丝装置伺服电动机的全数字控制。自动转位台采用双工位双轴变位机,工作时机器人固定不动,由系统控制器控制自动转位台的转动及变位机的变位,机器人根据系统控制器发出的指令依次对前桥几个焊接面进行焊接。

6.5.1.2 控制系统工作原理

前桥焊接机器人工作站的控制系统由系统控制器和机器人控制器两个 Agent 组成,如图 6-14 所示。Agent 是指处在一定执行环境中具有反应性、自治性和目的驱动性等特征的智能对象。在工作中,两个 Agent 各自完成自己的任务,同时彼此之间又相互通信协作,对焊接动态过程进行智能传感,并根据传感信息对各自复杂的工作状态进行实时跟踪,通过预先编好的程序,对现场传感信息进行逻辑判断,使执行机

① 韩建海．工业机器人[M].4 版．武汉：华中科技大学出版社，2019.

构按预定程序动作,实现以开关量为主的自动控制,从而控制焊接过程的每道工序。

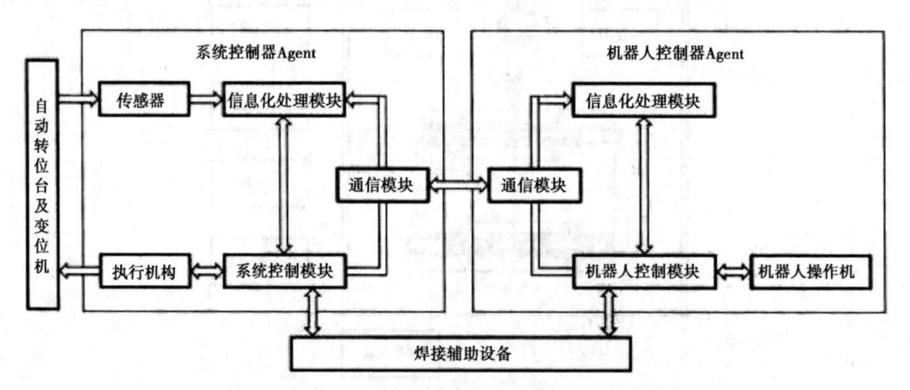

图 6-14 前桥焊接机器人工作站控制系统

系统控制器 Agent 的作用是根据控制要求及传感信息对变位机和自动转位台进行实时控制。在一个工位的焊接完成后,系统控制模块按变位要求通过执行装置向变位机发送转位要求,变位机开始变位,信息处理模块通过传感器确定变位完成,并将信息传送给系统控制模块,系统控制模块通知执行装置停止运行,变位机一次变位完成。

机器人控制器 Agent 的作用是实时监控和调整焊接工艺参数(如焊接电压、电流及焊缝跟踪等),调用正确的焊接程序,完成对前桥的自动焊接工作,并对一些实时信号(如剪丝动作信号等)作出响应。在自动焊接前,焊接轨迹是机器人控制器在手动工作方式时对焊接机器人示教得到的。对于每一轨迹,给定唯一的二进制编码的程序号。

6.5.2 喷涂机器人的应用

喷涂机器人又称为喷漆机器人,是可进行自动喷漆或喷涂其他涂料的工业机器人。

喷涂机器人是利用静电喷涂原理来工作的。工作时静电喷枪部分接负极,工件接正极并接地,在高压静电发生器高电压作用下,喷枪的端部与工件之间形成一静电场。涂料微粒通过枪口的极针时因接触带电,经过电离区时再一次增加其表面电荷密度,向异极性的工件表面运动,并被沉积在工件表面上形成均匀的涂膜。

典型的喷涂机器人工作站一般由喷涂机器人、喷涂工作台、喷房、过滤送风系统、安全保护系统等组成。喷涂机器人一般由机器人本体、喷涂控制系统、雾化喷涂系统三部分组成。喷涂控制系统包含机器人控制柜和喷涂控制柜。雾化喷涂系统包含换色阀、流量控制器、雾化器、喷枪、涂料调压阀等,其中调压阀主要是实现喷枪的流量和扇幅调整,换色阀可以实现不同颜色的喷涂以及喷涂完成后利用水性漆清洗剂进行喷枪和管路的清洗。

由于喷涂工序中雾状涂料对人体的危害很大,并且喷涂环境中照明、通风等条件很差,因此在喷涂作业领域中大量使用了机器人。使用喷涂机器人,不仅可以改善劳动条件,而且还可以提高产品的产量和质量、降低成本。与其他工业机器人相比较,喷涂机器人在使用环境和动作要求方面有如下特点。

(1)工作环境包含易燃、易爆的喷涂剂蒸气。

(2)沿轨迹高速运动,轨迹上各点均为作业点。

(3)多数被喷涂件都搭载在传送带上,边移动边喷涂。

6.5.3 检查、测量机器人

检查、测量机器人集三种功能于一身:机械手的运动功能、对象状态的感知功能,以及对所采集到的信息进行分析、判断和决策的功能等。在制造业中引入这类机器人对改善产品质量、节省检查工时、减少尘埃以及减轻检查员的劳动强度具有重要意义。该类机器人可用于以下方面的工作。

(1)形状测量。

形状测量大致有两种用途:一是测量工件的形状,检查判断是否合格;二是根据所测得的信息为后续加工提供指示。

(2)装配检查。

装配检查主要是指装配工序中检查的内容包括组装好的零部件识别、位置检测以及装配关系是否正确等。

(3)动作试验。

对产品性能进行检查时,可用机器人代替人的各种操作动作,构成一个自动进行性能检查的系统。例如减轻银行业务的自动存取机的考机试验就是一例。这个系统将机器人搭载在移动小车上,以便同时检查几台机器。由于采用垂直六关节型机器人,故可完成较复杂的操作。该装置的特点是手部功能很全，由视觉传感器识别存取机指示灯的亮灭状态，由抓拿机构取放纸币和存折，由气缸来按下操作钮，由触觉传感器感知气缸是否动作等。因此这个系统能十分逼真地模仿顾客使用存取时的各种动作：现金支付及存入、信用卡的读入、存折记账、发放单据等。让该系统长期工作便可检查出机器性能的好坏以及稳定性[①]。

（4）缺陷检查。

厚钢板常用于造船、油罐等大型构件，过去超声波探伤作业通常靠人工进行操作。所谓自动探伤装置，就是一台自动实行检查作业的机器人。检查时若钢板内部存在缺陷，则超声波被反射，探头接收缺陷反射波后用计算机加以处理，从而识别出缺陷的大小、长度、位置、密集度、占有率等。

① 辛颖，侯卫萍，张彩红．机器人控制技术[M]．哈尔滨：东北林业大学出版社，2017.

参考文献

[1]宾鸿赞．先进制造技术[M]. 武汉：华中科技大学出版社，2010.

[2]丁怀清，王鑫．先进制造技术[M]. 北京：中央广播电视大学出版社，2014.

[3]丁阳喜．机械制造及自动化生产实习教程[M]. 北京：中国铁道出版社，2002.

[4]顾丽春，徐刚，席建普．机械制造工艺及先进制造技术[M]. 北京：中国原子能出版社，2017.

[5]郭黎滨，张忠林，王玉甲．先进制造技术[M]. 哈尔滨：哈尔滨工程大学出版社，2010.

[6]韩长征，张蜀红，刘璐．机械制造技术[M]. 北京：中央民族大学出版社，2018.

[7]洪露，郭伟，王美刚．机械制造与自动化应用研究[M]. 北京：航空工业出版社，2019.

[8]黄宗南，洪跃．先进制造技术[M]. 上海：上海交通大学出版社，2010.

[9]雷子山，曹伟，刘晓超．机械制造与自动化应用研究[M]. 北京：九州出版社，2018.

[10]黎震，朱江峰．先进制造技术[M]. 北京：北京理工大学出版社，2012.

[11]李文斌，李长河，孙未．先进制造技术[M]. 武汉：华中科技大学出版社，2014.

[12]刘旺玉．机械制造技术基础[M]. 武汉：华中科技大学出版社，2012.

[13]刘忠伟，邓英剑．先进制造技术[M]. 北京：国防工业出版社，2011.

[14]鲁明珠,王炳章．先进制造工程论 [M]. 北京：北京理工大学出版社,2012.

[15]全燕鸣．机械制造自动化 [M]. 广州：华南理工大学出版社,2008.

[16]任小中,贾晨辉,吴昌林．先进制造技术 [M].3 版．武汉：华中科技大学出版社,2017.

[17]任小中．先进制造工艺 [M].2 版．武汉：华中理工大学出版社,2013.

[18]石文天,刘玉德．先进制造技术 [M]. 北京：机械工业出版社,2018.

[19]王义斌．机械制造自动化及智能制造技术研究 [M]. 北京：中国原子能出版社,2018.

[20]王尊策,任永良,李森,等．机械制造自动化技术 [M]. 北京：石油工业出版社,2013.

[21]徐翔民,赵砚,余斌,等．先进制造技术 [M]. 成都：电子科技大学出版社,2014.

[22]张伯鹏．机械制造及其自动化 [M]. 北京：人民交通出版社,2003.

[23]张功学．机械设计制造及其自动化 材料力学 [M].2 版．西安：西安电子科技大学出版社,2016.

[24]张军翠,张晓娜．先进制造技术 [M]. 北京：北京理工大学出版社,2013.

[25]中国自动化学会 ASEA 办公室组．机械制造自动化 [M]. 北京：机械工业出版社,2006.

[26]周骥平,林岗．机械制造自动化技术 [M]. 北京：机械工业出版社,2001.

[27]周骥平,林岗．机械制造自动化技术 [M]. 北京：机械工业出版社,2019.

[28]朱阳．机械制造技术 [M]. 天津：天津科学技术出版社,2018.